Dieter Eichler

Gefährliche Meerestiere erkennen

Biologie
Gefahren
Richtiges Verhalten
Erste Hilfe

Medizinische Fachberatung
Ralf Sautter

blv

Bibliografische Information
Der Deutschen Bibliothek
Die Deutsche Bibliothek verzeichnet diese Publikation in der Deutschen Nationalbibliografie; detaillierte bibliografische Daten sind im Internet über http://dnb.ddb.de abrufbar.

Dieses Buch ist allen gewidmet, die sich für die Erhaltung der Natur einsetzen und Tiere weder nach Sympathie noch nach Gefährlichkeit bewerten.

2. Auflage

BLV Buchverlag GmbH & Co. KG
80797 München

Umschlaggestaltung: Anja Masuch, Puchheim b. München
Umschlagfotos: Dieter Eichler
Lektoratsleitung: Wilhelm Eisenreich
Lektorat: Dr. Friedrich Kögel
Layout: Volker Fehrenbach
Herstellung: Hermann Maxant
Satz: Fruth GmbH, München

Gedruckt auf chlorfrei gebleichtem Papier

Printed in Germany · ISBN 3-405-16992-5

Hilfe bei Notfällen

Wichtige Informationen bei Unfällen durch gefährliche Meerestiere finden Sie im Kapitel »Die Waffen der Meerestiere« und im Artenteil am Anfang jeder Tierart bzw. -gruppe unter den farbig gekennzeichneten Stichpunkten **Verbreitung, Symptome, Erste Hilfe und Spezifische Therapie.** Ausführlichere Erklärungen finden Sie im Text und im Kapitel »Erste Hilfe«, Seite 152–160.

Das **Verbreitungsgebiet** eines Tieres kann eine nützliche Hilfe bei der Bestimmung der Art sein. So kann z. B. der Kontakt mit einer vermeintlichen »Seeschlange« im Roten Meer oder Atlantischen Ozean sofort als ungefährlich erkannt werden, da es in diesen Gebieten keine Seeschlangen gibt (Verwechslung z. B. mit Schlangenaal).

Kommt es beim Kontakt mit einem Meerestier zu einer Verletzung, kann man anhand der **Symptome** feststellen, ob die Verletzung wirklich von dem mutmaßlichen Tier verursacht wurde.

Bei der **Ersten Hilfe** ist es ratsam, keine Hausmittel oder veraltete Methoden anzuwenden, da sich das Krankheitsbild des Betroffenen verschlimmern kann. In den letzten Jahren hat sich durch neue Erkenntnisse vieles geändert, doch ist das heutige Wissen noch lange nicht vollständig, weil viele im Meer vorkommenden Gifte noch unbekannt sind.

Die Angaben über **spezifische Therapie** sind Hinweise für Ärzte, die sich in diesem Fachgebiet nicht auskennen. Dies kann in abgelegenen Gebieten sehr hilfreich sein, wenn nur ein allgemein-

medizinischer Arzt, aber kein Spezialist zur Verfügung steht. Bei Verständigungsschwierigkeiten finden Sie deutsch-englische Verzeichnisse der medizinischen Fachausdrücken ab Seite 166, Tiernamen ab Seite 168.
Das Buch ist nicht nur für rettende Maßnahmen bei Unfällen gedacht, sondern soll hauptsächlich der Vorbeugung dienen. Je mehr wir über die Tiere und ihr Verhalten wissen, um so leichter ist es, Unfälle zu vermeiden.

Wichtiger Hinweis

Die in diesem Buch enthaltenen Empfehlungen für Behandlungsmethoden und Medikamente wurden von Autor und Fachberater nach dem neuesten Wissensstand verfaßt, können aber nicht als einzig gültige Methoden angesehen werden, denn die wissenschaftliche Medizin ist einer ständigen Entwicklung unterworfen. Auch gehen die Meinungen verschiedener Experten bei ungesicherten Kenntnissen oft weit auseinander. Obwohl wir der heutigen Medizin in vielen Fällen vertrauen können, kann sie nicht in allen Bereichen auf die Erfahrungen von Jahrhunderten zurückgreifen, denn der Tauchsport ist erst seit wenigen Jahrzehnten möglich. Die Kenntnisse über die Behandlungsmethoden bei Verletzungen durch Meerestiere sind deshalb noch unvollkommen. Praktische Erfahrungen können meistens nicht richtig ausgewertet werden und beruhen häufig auf Vermutungen, da die Tiere nur selten richtig identifiziert wurden.
Viele biochemische Substanzen des Meeres sind thermolabil und in einem Labor kaum zu isolieren. Deshalb sind viele Gifte und Toxine noch nicht oder nur ungenügend erforscht, was die Herstellung von Antiseren unmöglich macht. Eine annähernde Vollständigkeit des Wissens über die Biochemie der Gifte und die damit verbundenen Therapiemöglichkeiten wäre wünschenswert, ist aber in nächster Zeit nicht zu erwarten. Unfälle mit Meerestieren sind relativ selten und Pharmakonzerne haben wenig Interesse, kostenintensive Forschungsarbeit zu leisten, wenn kein ausreichend großer Markt für ein neues Produkt vorhanden ist. In vielen Fällen können deshalb nur die Symptome behandelt werden.
Aus unterschiedlichen Gründen leiden heute immer mehr Menschen an Allergien, so daß die bisherigen Erfahrungswerte nicht auf solche Personengruppen anwendbar sind. Es kann dann zu unvorhersehbaren Reaktionen kommen. Deshalb muß jeder für sich entscheiden, welches Risiko er einzugehen bereit ist.
Bei jedem Unfall im Meer, besonders bei solchen mit Folgeschäden, werden wir daran erinnert, daß wir nicht in jeder Situation Herr der Lage sein können. Es ist deshalb angebracht, aus den Erfahrungen anderer zu lernen und sich Wissen anzueignen, bevor es zu einem Unfall kommt. Jeder, der sich ins Meer begibt, sollte die Gefahren kennen und lernen, sich so zu verhalten, daß er sich an der Natur erfreuen kann, ohne dabei Schaden zu nehmen.

Inhalt

Wie gefährlich sind Meerestiere?

Verglichen mit den vielen Legenden und mündlichen Überlieferungen über Unfälle mit Meerestieren, gibt es verschwindend wenig Fakten, die Angriffe auf Menschen belegen.
In den relativ wenigen Fällen, bei denen Menschen verletzt wurden, konnten die Betroffenen die Tiere meistens nicht identifizieren. Anhand einer Bißwunde läßt sich zwar feststellen, daß sie z. B. von einem Hai stammt, aber nur selten, von welcher Art. Das erschwert die Nachforschungen über Unfälle mit Haien und schon oft wurden Angriffe bestimmten Arten zugeschrieben, die sich später als harmlos herausstellten. Statistiken sind oft lückenhaft und können viele Fehler enthalten. Noch schwieriger ist es, eine Stichverletzung einem bestimmten Tier zuzuordnen.
Die meisten Meerestiere werden nur gefährlich, wenn sie sich verteidigen, das heißt, sie greifen nicht grundlos an. Denn jeder Angriff ist für die Tiere mit dem großen Risiko verbunden, selbst verletzt zu werden, was für sie häufig tödliche Folgen hat. Wildtiere haben im Laufe der Evolution ein Verhalten erworben, das ihr Überleben sichern soll. Sie bewegen sich oft in einem bestimmten Revier, in dem sie ihre Nahrung suchen und sich fortpflanzen. Viele verfügen über aggressive Verhaltensmuster und mechanische oder chemische Waffen, mit denen sie sich verteidigen und ihre Nachkommen schützen können.
Wenn wir uns unbeschadet in der Nähe von Meerestieren aufhalten wollen, ergeben sich daraus folgende Schlußfolgerungen:

- Das Territorium der Tiere respektieren und sie nicht in die Enge treiben.
- Immer Abstand zum Grund halten und nichts berühren; viele Tiere sind perfekt getarnt und kaum zu erkennen.
- Keine Tiere anfassen, fangen oder provozieren.
- Nicht in Höhlen oder Spalten greifen.
- Die Warnzeichen der Tiere beachten; manche Arten zeigen ein Drohverhalten, bevor sie angreifen.
- Meerestiere nicht füttern, sie verändern dadurch ihr natürliches Verhalten und können aus unvorhersehbaren Gründen anders reagieren als erwartet.

Der sicherste Schutz vor Unfällen sind ausreichende Kenntnisse über die Meeresfauna und rücksichtsvolles Verhalten. Wir sind im Meer ungebetene Gäste und sollten uns deshalb nicht wie Eindringlinge oder Eroberer verhalten. Die meisten Unfälle ereignen sich durch Unkenntnis, Ignoranz oder Leichtsinn. Viele Menschen, die verletzt wurden, geben den Tieren die Schuld, weil sie nicht zugeben wollen, daß ihr Fehlverhalten die Ursache für den Unfall war. Geht man der Sache auf den Grund, stellt sich in den meisten Fällen heraus, daß der Verletzte den Unfall selbst verursacht hat. Läßt man die Tiere in Ruhe und beschränkt sich auf Beobachtungen, hat man kaum etwas zu befürchten.
Oft wird Tieren Angriffslust und Bösartigkeit unterstellt. Solche falschen Darstellungen führen dazu, daß viele Arten

aus einem unbegründeten Haß heraus getötet werden. Darüber hinaus können Menschen gefährdet werden, die in ihrer Angst vor dem vermeintlich gefährlichen Tier falsch oder panisch reagieren und dadurch erst einen Angriff provozieren. Viele Tierarten sind nicht scheu und kommen neugierig auf uns zu, solange sie noch keine schlechten Erfahrungen mit Menschen gemacht haben. Wer aus Angst nach ihnen schlägt, läuft Gefahr, verletzt zu werden. Fast alle Fische, auch die als harmlos bekannten Arten, haben zu ihrer Verteidigung Stacheln, die sie schnell aufrichten, wenn sie erschrecken.

Ebenso falsch ist es, Meerestiere streicheln zu wollen. Unser emotionaler Wunsch, Tiere zu berühren, ist im Meer unangebracht; unter Wasser gibt es keine Kuscheltiere! Was für ein Pelztier angenehm ist und eine Art Fellpflege bedeutet, schadet den Fischen, deren schützende Schleimschicht durch Berührung geschädigt werden kann. Sie sind dann anfälliger gegen Parasitenbefall und Krankheiten, was nicht selten zum Tod führt.

Verglichen mit dem, was Menschen Tieren antun, erscheint selbst der gefährlichste Hai harmlos. Im Durchschnitt kommen jährlich weltweit etwa 6 Menschen durch unprovozierte Haiangriffe ums Leben, im gleichen Zeitraum werden vom Menschen etwa 50 Millionen Haie getötet; das sind mehr als 8-Millionen-mal soviel!

Wir dringen in fremde Lebensräume ein und fangen Lebewesen, die wir oft noch nicht einmal als Nahrung benötigen, sondern z. B. zu Fischmehl oder Dünger verarbeiten. Diese Mißachtung an-

Haisilhouetten lösen bei vielen Menschen Ängste aus, doch nur wenige Arten sind für den Menschen gefährlich; hier ein relativ harmloser Weißspitzen-Riffhai *(Triaenodon obesus)*.

derer Lebewesen und die Ausbeutung der Natur entspringen unserem übersteigerten Egoismus. Kein anderes Lebewesen hat derart negative Eigenschaften. Wir gehen das Risiko ein, uns als Schwimmer, Schnorchler oder Taucher in ein fremdes Element zu begeben, obwohl unsere Schwimmleistungen sehr unvollkommen sind. Selbst ein Olympiasieger oder Weltmeister bewegt sich im Vergleich zu Tieren im Wasser wie ein kranker Riesenfrosch. Wir können uns glücklich schätzen, daß Raubfische nicht annähernd so aggressiv wie Menschen sind, sonst könnten wir kaum einen Fuß ins Wasser stecken, ohne verletzt zu werden. Tiere töten meist zum Nahrungserwerb, nicht aus Freude oder Haß, wie es bei vielen Menschen der Fall ist. Diese Haßgefühle sind besonders bei denen ausgeprägt, die ungenügende Kenntnisse haben. Die Tiere, über die wir am wenigsten wissen, fürchten wir am meisten. Allein eine unsachliche Beschreibung über die Gefährlichkeit eines Tieres ist für viele Grund genug, es zu töten, und kaum jemand wird von dem Schicksal eines vermeintlich bösartigen Tieres berührt. Biologisch betrachtet hat aber jedes Tier die gleiche Existenzberechtigung und damit den gleichen Stellenwert.
Bedauerlicherweise werden Kenntnisse über ökologischen Zusammenhänge im Meer bei der Ausbildung von Wassersportarten wie Tauchen, Schnorcheln, Surfen, Segeln, Wasserski und viele andere nicht von jedem Ausbilder vermittelt. Oft liegt das an unzureichendem Wissen, aber nicht selten stehen kommerzielle Interessen im Vordergrund. Es wird meistens nur auf die vorgeschriebene Ausbildung Wert gelegt, damit schnell der nächste Kurs beginnen kann – entsprechend verhalten sich später die Schüler im Wasser. Sie machen Fehler und zerstören viel in den sensiblen Riffen, weil ihnen wichtige Grundkenntnisse fehlen.
Einige Tauchverbände machen es sich einfach: Sie bieten meeresbiologische Kurse an und glauben, damit ihr Gewissen beruhigen zu können. Diese Kurse kosten natürlich Geld, das nicht jeder hat oder bereit ist auszugeben. Deshalb sollte diese Ausbildung in einem Anfängerkurs obligatorisch sein, damit jeder Taucher die Grundlagen kennt.
Auch bei Ausfahrten für Schnorchler werden die Touristen vom Bootseigner oder der Crew nur selten darauf aufmerksam gemacht, wie man sich richtig verhält. Man vermeidet bewußt auch Hinweise auf gefährliche Meerestiere, weil dadurch der Umsatz gefährdet werden könnte.

Unsere Ängste

Alles Leben entspringt dem Meer, und kein Lebewesen kann ohne Wasser existieren, trotzdem sind unsere Empfindungen gegenüber diesem Element zwiespältig. Einerseits fühlen wir uns zum Wasser hingezogen, andererseits haben viele Gewässer unseres Planeten etwas Bedrohliches an sich. Dieser scheinbare Widerspruch ist darin begründet, daß Wasser in uns Wohlbefin-

den hervorruft, uns aber in Verbindung mit den Kräften der Natur auch schnell in eine lebensbedrohliche Situation bringen kann. Ein Bad in der Meeresbrandung ist für einen geübten Schwimmer ein sehr schönes Erlebnis, während ein Ungeübter in wenigen Sekunden in große Bedrängnis geraten kann. Man braucht sich nur vor Augen zu halten, daß ein Kubikmeter Wasser eine Tonne wiegt und eine relativ kleine Welle schon eine Masse von mehreren Tonnen hat. Diesen Kräften haben wir nur unsere Körperbeherrschung und Geschicklichkeit entgegenzusetzen. Überall dort, wo Wasser durch die Kräfte der Natur in Bewegung gerät – sei es ein reißender Fluß, ein Wasserfall, starke Brandung oder die Meeresströmungen durch Ebbe und Flut, können wir in Gefahr geraten, wenn wir unsere Leistungsfähigkeit überschätzen.
Zu den berechtigten Ängsten vor den Naturgewalten kommt die Furcht vor dem, was wir zwar nicht sehen, was aber gegenwärtig sein könnte. Unsere

Obwohl man beim Tauchen von vielen giftigen Tieren umgeben ist, ist menschliches Versagen die Hauptursache bei Unfällen. Tauchen in Höhlen oder Wracks kann für ungeübte Taucher gefährlich sein.

Augen sind der Luft, aber nicht dem Wasser angepaßt, und jeder Schatten im Wasser kann beim Menschen Unsicherheit, Angst oder sogar Panik auslösen. Angst hat eine lebenswichtige Funktion, die uns vor Schaden bewahren kann. Mutige Menschen – besonders wenn sie ihren Mut oft beweisen wollen – leben gefährlich. Sie suchen die Gefahr – den Kick, wie man heute sagt –, und wenn sie eine gefährliche Situation unbeschadet überstanden haben, gibt ihnen das ein trügerisches Gefühl, jeder Situation gewachsen zu sein. Oft verbirgt sich auch hinter einem scheinbar Mutigen ein ängstlicher Mensch, der sich oder seinen Mitmenschen unbedingt das Gegenteil beweisen will.

Die Angst vor Tieren entspringt meist falschen Überlieferungen und Unkenntnis über die Lebensgewohnheiten der angeblich gefährlichen Arten. Nicht viel anders ergeht es uns in exotischen Ländern, deren Bevölkerung ein uns fremdes Sozialverhalten hat. So können beispielsweise Tänze mit furchterregenden Masken und monotonen Rhythmen furchteinflößend wirken. Kennt man die Rituale (und gehört nicht zu den Feinden), verlieren sie ihre bedrohliche Wirkung. Nicht anders ist es mit den »gefährlichen Tieren«. Je mehr wir über sie wissen, um so weniger Angst lösen sie in uns aus. Doch an realistischen Berichten über Tiere sind weniger Menschen interessiert als an spektakulären Schilderungen. Besonders die Sensationspresse ist schuld daran, wenn bestimmte Tiere einen schlechten Ruf haben. Je gruseliger eine Geschichte geschildert wird, um so mehr Leser findet man, die nicht selten gewillt sind, diese Schauermärchen zu glauben – häufig zum Schaden der Tiere. Oft werden Berichte von Laien veröffentlicht, die zwar spannend schreiben können, aber durch falsche Schlußfolgerungen nicht selten Schaden anrichten. Das ist einer der Nachteile unserer viel gepriesenen Meinungsfreiheit.

Begegnet uns im Meer ein Lebewesen, das uns Angst einflößt, können wir dieses Erlebnis nicht für uns behalten und haben das Bedürfnis, es anderen mitzuteilen. Doch wer gibt schon gerne zu, daß er vor einem kleinen Tier Angst hatte? Bei der folgenden Schilderung fällt das Tier deshalb fast immer wesentlich größer und gefährlicher aus als es in Wirklichkeit war. Damit wollen wir uns mutiger darstellen als wir sind. Je größer die Angst war, um so mehr wird die Schilderung übertrieben.

Dabei erinnere ich mich an ein kleines Erlebnis: Ich tauchte auf den Malediven und wollte gerade den Tauchgang beenden als mir ein kleiner Weißspitzen-Riffhai von höchstens 1,5 m Länge entgegenkam. Nicht weit von mir entfernt schwamm ein einzelner Schnorchler an der Oberfläche, der den Hai ebenfalls sah und sich eiligst an einem nahen Bootssteg »in Sicherheit« brachte. Der harmlose Hai wagte sich nicht in meine Nähe und drehte ins Freiwasser ab, schlug einen großen Bogen um mich und setzte dann seinen Weg entlang des Riffes fort. Als ich die Oberfläche erreichte, sah ich den Schnorchler – einen jungen Mann von etwa 20 Jahren –, der

den Bootssteg entlangrannte und seinen Freunden schon von weitem zurief: »Jetzt habe ich einen Hai gesehen, der war mindestens 5 m lang!« Tauchbrillen lassen zwar unter Wasser alles ein Drittel größer erscheinen, aber hier hat die Angst aus dem harmlosen Hai ein Monster werden lassen. Zum einen wird diese Haiart maximal 2 m lang, zum anderen kommen größere Arten an Riffen äußerst selten vor. Letztlich neigt fast jeder Mensch bei derartigen Schilderungen, die niemand kontrollieren kann, zu Übertreibungen, wenn auch nicht so extrem.
Durch die Popularität des Tauchens in den letzten Jahren haben schon relativ viele Taucher Haie gesehen, und fast alle, die glauben Haie über 2 m Länge gesehen zu haben, täuschen sich. Wirklich große Haie, die dem Menschen gefährlich werden können, kommen fast nur im offenen Meer vor und sind äußerst selten an Riffen oder in Küstennähe. Die meisten Tierarten, die unter Wasser von Schnorchlern oder Tauchern geschätzt werden, fallen größer aus als die größten je von Wissenschaftlern vermessen Exemplare. Auch erfahrene Taucher, die sich um größtmögliche Objektivität bemühen, haben Mühe, die Tiere nicht zu groß zu schätzen.

Phantasie, Mythen und Legenden

An einem sonnigen Tag denkt kein Mensch an mystische Gestalten – alles erscheint realistisch und wenig beängstigend. Sobald aber unser Gesichtskreis in irgendeiner Form eingeschränkt wird, beispielsweise durch Dunkelheit oder Nebel, geht unsere Phantasie Wege, die nicht immer realistischer Natur sind. Schon in vertrauten Gebieten geht manchen Menschen in der Dunkelheit die Phantasie durch, und das steigert sich noch, wenn es sich um einen Lebensraum handelt, der uns nicht ohne weiteres zugänglich ist, sei es nun ein dichter Dschungel oder eine unerforschte Höhle. In der menschlichen Phantasie entstanden Legenden von geheimnisvollen Wesen, die sich oft hartnäckig über viele Generationen erhalten haben. Nur so ist es zu erklären, daß noch bis vor kurzem Gerüchte vom Schneemenschen im Himalaja und dem Monster von Loch Ness im Umlauf waren. Und unseriöse Berichterstatter haben keine Hemmungen, dieses Thema in regelmäßigen Abständen wieder in Umlauf zu bringen.
Kein Wunder, daß viele Gewässer mit ihrer reflektierenden Oberfläche, die keinen klaren Einblick zuläßt, in Verbindung mit den begrenzten Sichtverhältnissen unter Wasser auf die Menschen schon immer geheimnisvoll oder sogar unheimlich wirkten. Das sagenumwobene Meer mit seiner »unendlichen« Weite und Tiefe hat die Phantasien der Menschen von jeher beflügelt und riesige Geschöpfe hervorgebracht, die in vielen Erzählungen und Lithographien überliefert wurden. Doch die Realität sieht meistens anders aus; von den vielen Meerestieren, die heute noch entdeckt werden, haben die meisten Ar-

Wer im Meer taucht oder schnorchelt, sollte die größten Tiere, etwa den harmlosen Walhai kennen, damit bei einer unerwarteten Begegnung ein Schock erspart bleibt.

ten nichts oder nur sehr wenig mit den Geschöpfen zu tun, die von menschlichen Gehirnen ersonnen wurden.
Die einzige spektakuläre Entdeckung, der letzten Jahre wurde 1976 gemacht. Durch einen Zufall verfing sich ein 5 m langer Hai an einem Treibanker, der bis dahin völlig unbekannt war. Weder fossile Funde noch andere Hinweise zeugten von der Existenz dieses beängstigend wirkenden Tieres. Es handelte sich um den Riesenmaulhai, der – wie der Walhai – ein harmloser Planktonfiltrierer ist.
Auch berühmte Schriftsteller machten ihre Erzählungen »erzählenswert«, indem sie die Spannung mittels grauenerregender Ungeheuer steigerten. Die wenigsten dieser Gruselgestalten entsprangen dem Ideenreichtum der Autoren, sie entlehnten Geschöpfe aus dem Tierreich, die sie zu bösartigen, menschenmordenden Bestien »mutierten«.
Viele Tierarten standen für Erzählungen, Romane und Filme Modell: Haie, Muränen, Barrakudas, Kraken, Kalmare, Krokodile, Wölfe, Spinnen, selbst harmlose Tierarten wie Wale, Gorillas, Fledermäuse und Büffel mußten für die Sensationsgier der Menschen herhalten.
Wir benutzen auch gar zu gern Namen, die gefährlich klingen. »Mördermuschel« wird die harmlose Riesenmuschel oft genannt und aus dem Schwertwal macht man einen Killerwal. Wenn man den Erzählungen der meisten Leute glauben würde, müßte es im Meer nur so von gefährlichen Tieren wimmeln. Doch ge-

nau das Gegenteil ist der Fall: Jeder, der viele Stunden im Meer verbracht hat, wird bestätigen, daß die meisten Lebewesen dem Menschen gegenüber sehr friedlich sind.

In dem Roman »Die Meer-Arbeiter« von Victor Hugo wird ein Krake »mit spitz zulaufenden Fühlfäden« beschrieben – damit sind die Arme gemeint –, die in »scharfen Nadeln« enden. Noch unsinniger ist der Satz: »Der Krake ist ein Verräter«.

Die Schriftsteller ahnten wahrscheinlich nicht, was sie diesen Arten damit antaten. Menschen, die gern Horrorgeschichten »verschlingen« und sonst nichts über diese Tiere wissen, identifizieren sich mit den betroffenen Personen der Handlung und beginnen unbewußt Haß gegen die Tiere zu entwikkeln. Das ist oft schon Grund genug, sie zu verfolgen und zu töten. Der Haß ging bei manchen einflußreichen Personen so weit, daß für den Abschuß von angeblich gefährlichen Tierarten wie Haien oder Wölfen Prämien ausgesetzt wurden.

Besonders Haie werden von vielen Menschen gehaßt, obwohl ihnen kein Hai jemals einen Schaden zugefügt hat. Nach dem Film »Der Weiße Hai« wurde diese Art so verfolgt, daß sie in Australien unter Naturschutz gestellt werden mußte. Ähnlich erging es dem Sandtiger – einem Hai, der sehr gefährlich aussieht und heute auch unter Naturschutz steht. Er stand in Australien unter dem Verdacht, der Hauptverantwortliche für die meisten Angriffe auf Menschen zu sein, und wurde gnadenlos mit tödlich wirkenden Harpunen gejagt. Erst als er kurz vor der Ausrottung stand, fand man heraus, daß er relativ harmlos ist.

Noch immer spukt in den Köpfen der Menschen die Geschichte von der sagenumwobenen Seeschlange, die in vielen unterschiedlichen Formen und Größen dargestellt wurde. Doch in diesem Fall entspringt nicht jede Schilderung der menschlichen Phantasie. Im Jahre 1860 wurde erstmals auf den Bermudas in der Hungary Bay ein totes Exemplar eines etwa 5 m langen, schlangenähnlichen Wesens angeschwemmt, das man für eine Seeschlange hielt. Von diesem gefürchteten Meeresungeheuer wurden schon viele unrealistische Phantasiedarstellungen veröffentlicht, die sich aber selten ähnelten. Die zeitgenössische Darstellung dieses Fundes weist allerdings große Ähnlichkeit mit dem längsten Knochenfisch – dem Riemenfisch – auf und ist wohl die realistischste Zeichnung einer »Seeschlange«, jedenfalls was die Form betrifft, doch wirkt das Tier in der Darstellung wesentlich größer als es in Wirklichkeit ist. Erst 136 Jahre später (1996) wurde bei San Diego, Kalifornien, ein Exemplar dieser seltenen Art gefangen, es war ein 7 m langer Riemenfisch von 125 kg (GEO Heft 7/95). Die Rückenflosse des silbrig glänzenden Tieres ist korallenrot und hat am Kopf sehr lange Flossenstrahlen, die bei Erregung aufgestellt werden. Mit etwas Phantasie läßt sich daraus eine Verbindung zu den Berichten über pferdeköpfige Seeschlangen mit brandroter Mähne knüpfen.

Die Waffen der Meerestiere

Mechanische Waffen

Zähne

Ein großer Teil der im Meer lebenden Beutegreifer verschlingt seine Beute in einem Stück, ohne sie zu zerkleinern. Das Gebiß dieser Tiere besteht meist aus spitzen, schräg nach hinten gerichteten Zähnen, welche die Flucht der Beute verhindern. Den meisten Arten ist es aber nicht möglich, damit Fleischstücke aus einem größeren Opfer herauszubeißen. Typische Vertreter dieser Gruppe sind z. B. Muränen und Zackenbarsche. Wenn eine Muräne in die Enge getrieben wird, setzt sie ihre Zähne auch als Verteidigungswaffe ein. Wird man von einer Muräne in die Hand gebissen und zieht sie kraftvoll zurück, kann sie ihren Biß wegen der nach hinten gerichteten Zähne nicht lösen und man schlitzt sich die Haut auf. Wem es gelingt, sich zu beherrschen, der kann das Schlimmste verhindern.
Viele Haiarten haben gesägte Zähne, mit denen sie Beutetieren oder einem Kadaver durch Schüttelbewegungen Fleischstücke heraustrennen können. Die Zähne sind aber nicht geeignet, Knochen »durchzusägen«. Deshalb ist es nur sehr großen Haien möglich, Gliedmaßen vom Körper abzutrennen, nämlich wenn der Knochen bricht oder das Gelenk abreißt. Aber auch diese Arten bevorzugen Beutetiere, die nicht zerkleinert werden müssen.
Es gibt aber auch Haiarten, die spitze, nach hinten gerichtete Zähne besitzen, z. B. der Sandtiger, *Eugomphodus taurus*. Er hat ein furchterregendes Gebiß,

Das gefürchtete Gebiß eines Makohaies *(Isurus oxyrinchus)*. Zum Glück ist diese gefährliche Art sehr selten. Man sollte aber nie auf einen Hai zuschwimmen, den man nicht identifizieren kann.

ist aber für den Menschen relativ ungefährlich. An seinen hakenförmigen Zähnen kann man erkennen, daß er vorwiegend kleine Beutetiere verschlingt. Viele Grundhaie ernähren sich von hartschaligen Wirbellosen, die sie mühelos zerkleinern. Ihre Zähne sind stumpf und für den Menschen nicht gefährlich. Wenn sie aber provoziert werden, verbeißen sie sich gelegentlich wie Doggen. Selbst wenn sie aus dem Wasser gehoben werden und nicht mehr atmen können, lösen sie den Biß nicht. Das kann bei großen Ammenhaien, die über 3 m lang werden, zu einer lebensgefährlichen Situation führen.

Stacheln

Die gefürchteten Stacheln der Meerestiere verlieren etwas von ihrem Schrekken, wenn man weiß, daß sie nicht zum Angriff dienen. Kommt es zu Verletzungen durch diese Verteidigungswaffen, ist immer Unachtsamkeit die Ursache.

Die häufigsten Vertreter stachelbewehrter Meerestiere sind die Seeigel. Aber auch die meisten Knochenfische (fast alle Fische außer den Haien und Rochen) haben Stacheln in den Flossen, einige Arten auch am Kopf und Igelfische am ganzen Körper. Die Stacheln befinden sich in der 1. Rückenflosse, der Afterflosse und den Bauchflossen; nur Welsarten und Petermännchen haben auch Stacheln in den Brustflossen. Bei vielen Fischarten ist die 1. Rückenflosse mit der zweiten, die keine Stacheln besitzt, verbunden.

Die giftigen Rückenstacheln von Rotfeuerfischen sind mit einer Haut überzogen, die die Giftdrüsen schützt. Beim Stich schiebt sich die Haut zurück und das Gift fließt nahe der Spitze in die Wunde.

Skalpelle

Schließlich gibt es noch Fische, die mit scharfen Knochenklingen ausgerüstet sind. Diese befinden sich seitlich an der Schwanzwurzel und werden als Skalpelle bezeichnet. Davon leitet sich der Name der Familie Doktorfische ab. Diese anatomische Besonderheit gibt es nur in dieser Familie, aber alle Vertreter sind harmlos und setzen die Waffen nur zu ihrer Verteidigung ein.

Chemische Waffen

Man unterscheidet im Tierreich aktiv und passiv giftige Tiere.

Passiv giftig sind Tiere, die mit ihrer Nahrung Gifte oder andere Schadstoffe aufnehmen und in ihrem Körper speichern, ohne daß ihnen diese Substanzen schaden. Erst wenn die schadstoffbelasteten Meerestiere vom Menschen verzehrt werden, kann das Gift zur Erkrankung führen. In manchen Tieren kommt es zu hohen Konzentrationen dieser Schadstoffe, so daß der Verzehr zu schweren Vergiftungserscheinungen führen kann und Todesfälle nicht auszuschließen sind (vgl. Seite 138).

Zu den passiv giftigen Tieren zählen auch Arten, die in Hautdrüsen Gifte produzieren, die in Streßsituationen ausgeschieden werden. Diese Gifte sind nur für Kiemenatmer schädlich. Bei einigen Arten, z. B. der Moses-Seezunge, ist die abschreckende Wirkung so stark, daß sogar große Haie panisch fliehen. Auch Seifenbarsche, Kröten- und Kofferfische wehren Feinde durch Hautgifte oder übel schmeckende Sekrete ab.

Aktiv giftige Tiere produzieren Gifte oder Toxine, speichern sie und injizieren sie – zum Zweck des Nahrungserwerbes oder zur Verteidigung – mittels Zähnen, Stacheln oder Pfeilen in den Körper anderer Lebewesen. Die unterschiedlichen Giftwaffen hatten in der Evolution keinen gemeinsamen Ursprung, sondern entwickelten sich unabhängig voneinander. Deshalb unterscheiden sich die Giftapparate in ihrem Aufbau beträchtlich, ebenso die Zusammensetzung der Gifte.

Gifte spielen beim Überlebenskampf in einem Korallenriff eine maßgebliche Rolle. Sie legen bei sessilen, also festsitzenden Arten vielfach die Verbreitungsgrenzen fest, z. B. wenn zwei Korallenarten sich während des Wachstumes berühren.

Durch Gifte können auch kleine und langsame Tiere wie Nacktschnecken überleben, die den Fischen ausgeliefert wären und keine Überlebenschance

Doktorfische besitzen zur Verteidigung scharfe Skalpelle seitlich an der Schwanzwurzel; diese können tiefe Schnittwunden verursachen. Wer die Tiere nicht fängt, hat aber nichts zu befürchten.

hätten, wenn sie nicht derart geschützt wären. Das Gift wird nur selten von den Tieren selbst synthetisiert: Es stammt vorwiegend von bestimmten Algen, die mit der Nahrung aufgenommen werden: Wirbellose Tiere, welche die giftigen Substanzen von Braunalgen speichern, sind vor Raubfischen relativ sicher, da das Gift eine spezifische Wirkung bei Fischen zeigt. Von Blaualgen ist bekannt, daß sie zellschädigende Toxine enthalten. Einige Hinterkiemerschnecken ernähren sich teilweise von Schwämmen und nehmen deren Toxine mit der Nahrung auf. Der Wirkstoff schreckt nicht nur Fische ab, sondern ist auch stark toxisch. Manche Arten speichern oder produzieren Substanzen, die fraßhemmend wirken. Fadenschnecken haben eine Abwehrmethode entwickelt, die immer noch Rätsel aufgibt. Sie nehmen mit der Nahrung Nesselkapseln von Quallen oder Hydroiden auf und speichern sie in Körperanhängen, ohne daß die Kapseln sich dabei entladen. Werden die Tiere von Angreifern nur geringfügig verletzt, explodieren die Nesselkapseln und entfalten ihre volle Wirkung.

Manche Fischarten sind bei der Nahrungsaufnahme hoch spezialisiert und haben Abwehrmechanismen gegen bestimmte Gifte entwickelt. So haben die Kaiserfische der Gattung *Pomacanthus*, die sich zum Teil von Schwämmen ernähren, eine Immunität gegen deren Gifte entwickelt. Der prozentuale Anteil dieser Nahrungsspezialisten in einem Riff ist allerdings relativ gering und damit das Überleben der Schwämme gesichert.

Die Forschung im Meer hat in den letzten Jahrzehnten große Fortschritte gemacht, da die heutigen Freitauchgeräte es Wissenschaftlern ermöglichen, ihre Beobachtungen und Forschungen im natürlichen Lebensraum durchzuführen. Trotzdem ist die chemische Ökologie ein sehr junger Wissenschaftszweig, und viele Fragen sind noch ungeklärt. Viele der Gifte und Toxine, die nur im Meer vorkommen, sind thermolabil oder instabil und können teilweise noch nicht analysiert werden. Das bedeutet, daß bei einigen Verletzungen durch Meerestiere weder Antiseren noch erfolgreiche Behandlungsmethoden bekannt sind, so daß diese Fälle nur symptomatisch behandelt werden können.

Nesselinjektionen

Einen besonders komplizierten Giftmechanismus gibt es bei vielen Wirbellosen Tieren, denen man in Korallenriffen auf »Schritt und Tritt« begegnet: den Nesseltieren. Ohne sie gäbe es keine Korallenriffe, denn alle Korallenarten gehören zu dieser Gruppe.

Auch Quallen, Anemonen, Zylinderrosen und Hydroiden sind Nesseltiere, die sich durch eine große Zahl giftiger Nesselkapseln schützen und Beutetiere töten können. Die meisten Nesseltiere sind – bis auf wenige Ausnahmen – für den Menschen nicht lebensgefährlich. Die wenigen gefährlichen Arten wie die Portugiesische Galeere oder Würfelquallen sollte man kennen und Berührungen vermeiden.

Wenige Seeigelarten produzieren Gift. Es befindet sich beim Leder-Seeigel *(Asthenosoma varium)* in beerenartigen Blasen. Die Tiere leben am Tag sehr versteckt und gehen nachts auf Nahrungssuche.

Giftbisse

Im Meere kommen nur wenige Tiere vor, die Giftbisse verursachen können: alle Seeschlangen und 2 Oktopusarten. Seeschlangen injizieren wie Landschlangen ihr Gift beim Biß durch Zähne, die eine Giftrinne oder einen Giftkanal besitzen. Das Gift fließt deshalb direkt in die Wunde des Opfers und ist entsprechend wirkungsvoll. Auch der Biß eines Blauring-Oktopusses ist für den Menschen sehr gefährlich und führt nicht selten zum Tod, obwohl das Gift nur durch den Speichel übertragen wird. Nach neuesten Erkenntnissen können auch einige Muränen der Gattung *Gymnothorax* giftig sein. Muränen werden schon seit langer Zeit mit Giftbissen in Verbindung gebracht. Trotz intensiver Forschung an der Mittelmeer-Muräne (*Muraena helena)* konnte aber kein Gift nachgewiesen werden. Erst kürzlich wurde bei anderen Arten ein giftiges Gewebe an der Basis der Zähne festgestellt. Das Gift gelangt nur dann in die Wunde, wenn der Biß lange genug gehalten wird. Die Wirkung des Giftes ist nicht sehr stark und für den Menschen relativ harmlos.

Giftstiche

Verletzungen durch Giftstacheln kommen im Vergleich zu Giftbissen relativ häufig vor. Die meisten Fische, die Giftstacheln besitzen, sind schlechte Schwimmer und deshalb sehr gut getarnt. Wenn man sich ihnen nähert, fliehen sie gewöhnlich nicht, denn sie verlassen sich auf ihre Tarnung. Die häufigsten Arten, die mit Giftstacheln ausgerüstet sind, gehören zur Familie

der Skorpionsfische. Zu dieser Familie gehören auch die Steinfische, die sich gelegentlich im Sand eingraben und nur von geübten Augen entdeckt werden. Übersieht man sie und tritt versehentlich auf sie, erlebt man eine schmerzhafte Überraschung.
Auch Rochen graben sich im Sand ein und benutzen ihre Verteidigungswaffen, wenn man auf sie tritt: Sie stechen gezielt den vermeintlichen Angreifer. Die Stacheln der Rochen haben Widerhaken und brechen oft in der Wunde ab. Das Gift der meisten Fische, die mit Giftstacheln ausgestattet sind, verursacht bei Menschen sehr starke Schmerzen.
Unter den Wirbellosen Tieren verfügen manche Seeigelarten und der Dornenkronen-Seestern über giftige Stacheln. Aber alle Meerestiere, die Giftstacheln besitzen, setzen sie ausschließlich zur Verteidigung ein.

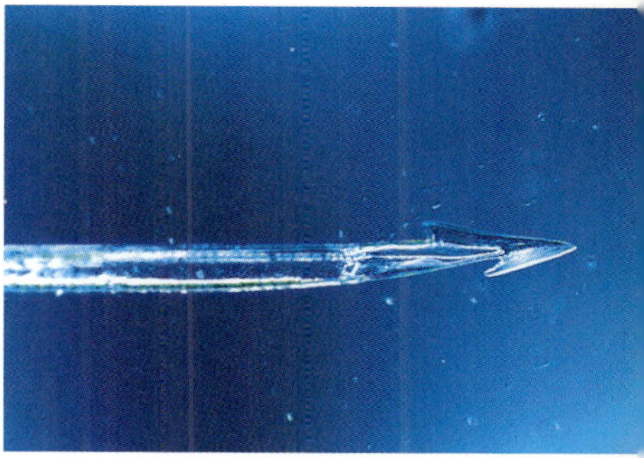

Meeresschnecken der Gattung *Conus* verfügen über mikroskopisch kleine Giftpfeile, die mit Druck in ein Beutetier oder einen Angreifer geschossen werden. Das Gift kann auch für den Menschen gefährlich werden.

Giftpfeile

Die wohl ungewöhnlichste Giftwaffe im Tierreich haben die Schnecken der Gattung *Conus* entwickelt: Sie sind in der Lage, Giftpfeile gezielt auf Beutetiere oder Feinde abzuschießen. Das hochwirksame Gift tötet Fische in Sekunden und kann auch dem Menschen gefährlich werden.

Allergische Reaktionen

Alle in diesem Buch beschriebenen Auswirkungen bei Verletzung mit Tieren sind Erfahrungswerte. Es können individuell sehr unterschiedliche allergische Reaktionen mit wesentlich schlimmeren Folgen auslöst werden. Eine Nesselverletzung, die bei der einen Person nur eine harmlose Hautreizung verursacht, kann bei einer anderen eine starke Wirkung zeigen. Besonders Menschen, die bereits mit Giften von Meeresbewohnern in Berührung gekommen sind, können sensibilisiert sein und bei wiederholtem Kontakt allergisch reagieren.
Verletzungen durch Meerestiere sollte man nicht verharmlosen, aber auch nicht überbewerten. Einem sensiblen Menschen möchte man am liebsten sagen, daß alles nur halb so schlimm ist, während einem Übermütigen die Gefahren nicht drastisch genug geschildert werden können. Jedes Extrem ist unrealistisch, meist ist ein gesunder Mittelweg das richtige. Wer sich im Meer mit Gefühl und Verstand bewegt, ist wenig gefährdet.

Schwämme

Verbreitung

Alle Gewässer bis in große Tiefen.

Symptome

Unangenehm juckende oder schmerzhafte Hautreaktionen. Bei intensivem Kontakt Schwellungen und Rötung. Temporäre Versteifungen der Fingergelenke sind möglich.

Erste Hilfe

Mit Seifenlauge abwaschen, verbliebene Skelettnadeln mit Klebeband entfernen.

Spezifische Therapie

Lokalanästetikum wie Lidocainsalbe.

Denkt man an die vielen Tiere, die auf der Suche nach Nahrung die Meere durchstreifen, könnte man annehmen, daß Schwämme aufgrund ihrer Unbeweglichkeit schon längst ausgestorben sein müßten. Sie können vor Freßfeinden nicht fliehen, besitzen keine perfekte Tarnung und sind scheinbar hilflos, aber sie haben sich im Laufe der Evolution erfolgreich durchgesetzt. Das war nur möglich, weil sie unterschiedliche Abwehrmechanismen entwickelt haben. Sie besitzen zum einen mechanische Waffen – Skelettelemente, die zum Teil aus spitzen Kalk- oder Kieselnadeln bestehen und dadurch manchem potentiellen Feind die Nahrungsaufnahme verleiden. Aber auch chemische Waffen sind in dieser Gruppe seit langem bekannt: Bohrschwämme besitzen spezielle Zellen, die ein Sekret enthalten, mit dem sie kleinste Teile aus dem Kalkgestein lösen können. Sie bohren sich auf diese Weise in das Kalkskelett von Korallen, aber auch in die Schalen von Muscheln und Schnecken. Als Larven setzen sich Bohrschwämme auf dem Kalkgestein fest und durchsetzen im Laufe der Zeit das harte Material netzartig mit Kanälen, die von dem Schwamm ausgefüllt werden.

Aber auch andere Schwämme synthetisieren oder speichern Gifte mit teilweise antibiotischer Wirkung, die sie vor Bakterien, Parasiten und dem Überwachsen durch Korallen, Algen oder andere Schwammarten schützen. Die Gifte wirken oft art- bzw. gruppenspezifisch, das heißt, daß ein bestimmtes Toxin z. B. ohne Folgeschäden von Würmern aufgenommen werden kann, während es bei Wirbeltieren eine starke Wirkung hervorruft. Es konnte nachgewiesen werden, daß das Gift vieler Schwammarten besonders bei Fischen toxisch wirkt. Die artspezifischen Gifte

Viele Schwammarten besitzen Skelettnadeln (Sklerite), die bei Berührung in die Haut eindringen können; die Verletzungen sind in der Regel relativ harmlos. Rasterelektronenmikroskop-Aufnahme von *Erylus formosus*.

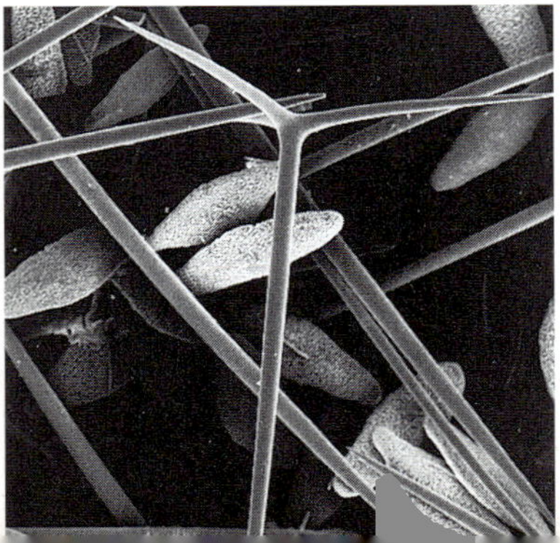

wurden im Laufe der Evolution gegen bestimmte Feinde entwickelt und einige davon reagieren nur zufällig auch auf der Haut des Menschen. Im Golf von Mexiko sind 75 % aller Schwammarten giftig (nach Green, 1977).

Wichtig! Die harten Skelettnadeln der Kalkschwämme (Calcarea) können beim Menschen Verletzungen verursachen. Bei Berührung bohren sich die mikroskopisch kleinen Nadeln in die Haut und verursachen eine Reizung. Ob dabei Gifte in die Wunde gelangen, ist nicht erwiesen. Einige Arten verfügen über Kontaktgifte mit hautschädigender Wirkung.

Schwämme gehören zu den wenigen Tieren, die weder Nerven, Muskeln noch Sinnesorgane besitzen. Um so erstaunlicher ist es, daß sie relativ schnelle Bewegungen ausführen können, z. B. beim Schließen der Ausströmöffnung mancher Arten, wenn sie berührt werden; es findet also eine Kommunikation zwischen den Zellen statt. Da bisher keine Nervenzellen gefunden wurden, muß eine andere Übertragung vorhanden sein, über die man nur spekulieren kann (nach Lehnert, 1998).
Schwämme besiedeln nicht nur andere Tiere oder Tierkolonien, sondern viele Schwammarten werden auch von Lebewesen wie Fischen, Krebsen, Würmern, Röhrenwürmern, Feder- und Schlangensternen bewohnt. Bei einer wissenschaftlichen Untersuchung wurden in

Das Gift der meisten Schwämme ist für die Haut des Menschen nicht gefährlich. Die abgebildete Art *(Smenospongia conulosa)* kommt in der Karibik vor und kann starke Hautreizungen verursachen.

einem Exemplar 17 000 Tiere gezählt (Pearse, 1934). Schwämme bieten mit ihren vielen Hohlräumen und ihren mechanischen und chemischen Abwehrwaffen vielen Kommensalen einen sicheren Unterschlupf; auch Parasiten kommen in großer Zahl vor.
Die meisten Schwammarten wachsen asymmetrisch und sind in allen Formen und Farben zu finden. Sie ernähren sich von Schwebstoffen wie Bakterien, Kleinalgen, partikulären organischen Substanzen.
Auf ihrer Oberfläche sind oft Poren zu erkennen, durch die Wasser und Nahrung eingestrudelt wird. Von den Poren führen dünne Kanäle zu einem zentralen Hohlraum, der mit Kragengeißelzellen ausgekleidet ist. Durch Geißelschlag erzeugen die Kragengeißelzellen einen Wasserstrom, der den Schwamm mit Sauerstoff und Nahrung versorgt. Jede Zelle des Schwammes ist an dieses »Wassernetz« angeschlossen, das den gesamten Körper durchzieht. Schwämme sind zwar Meerzeller, aber gleichen durch ihren einfachen Aufbau aus nur wenigen Zelltypen eher einer Kolonie von Einzellern.
Die Nahrungspartikel, die im Wasserstrom schweben, bleiben an den Kragengeißelzellen hängen, und das filtrierte Wasser wird zu einer großen Ausströmöffnung, dem Osculum, geleitet. Schwämme können mehrere Oscula haben. Ihre Ernährungsweise macht sie von der Meeresströmung unabhängig. Man findet Schwämme im Indopazifik oft an geschützten, schattigen Plätzen wie Höhlen und unter Überhängen, die nicht so dicht besiedelt sind. In der Karibik bevorzugen sie offene Standorte. Schwämme werden nachweislich mindestens 800 Jahre alt, wahrscheinlich wesentlich älter. Wird ein Schwamm beschädigt, z. B. durch einen Anker, können die fehlenden Stücke unter günstigen Bedingungen regeneriert werden.
Die Fortpflanzung der Schwämme erfolgt meist ungeschlechtlich, aber auch geschlechtliche Vermehrung kommt vor, die sehr variiert: Die meisten Arten sind Zwitter, die Eier und Sperma ins Wasser abgeben, wo die Befruchtung erfolgt. Bei innerer Befruchtung wird das von den männlichen Tieren ins Wasser ausgestoßene Sperma von den weiblichen Tieren eingestrudelt und befruchtet die reifen Eier. Entweder werden die befruchteten Eier sofort ausgestoßen oder sie bleiben bis zum Schlüpfen der Larven im Muttertier. Die Larven werden dann ausgestoßen und beginnen ihr planktonisches Stadium.

Nesseltiere

Der artenreiche Stamm der Nesseltiere umfaßt viele Tiergruppen mit einer großen Formenvielfalt, die entweder frei schwimmend oder als sessile Kolonien bzw. Individuen vorkommen. Zu den freilebenden Arten gehören Staatsquallen, Schirmquallen und Würfelquallen, zu den festsitzenden Hydrozoen, Feuerkorallen, Zylinderrosen, Anemonen und andere Blumentiere.

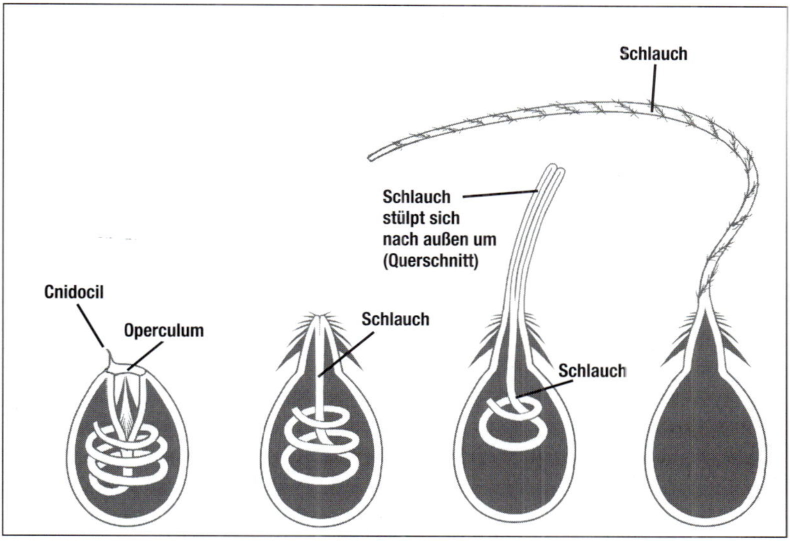

Funktionsschema einer Nesselkapsel: Die Kapsel ist durch das Operculum verschlossen und springt bei Berührung des Cnidocils auf. Durch den hohen Innendruck wird der im inneren aufgerollte Schlauch wie ein Handschuhfinger umgestülpt und das Gift dem Opfer in die Haut injiziert.

Alle Vertreter der Nesseltiere verfügen über ein wirksames Verteidigungssystem, mit dem sie hauptsächlich Beutetiere töten oder lähmen. Sie sind mit vielen Nesselkapseln (Nematocysten) ausgestattet, die von Nesselzellen (Cnidoblasten) gebildet werden und an den Tentakeln der Tiere in besonders hoher Dichte auftreten.

Auch nesselndes Zooplankton kommt in manchen Gebieten (Thailand: Phuket und Ko Surin) in hoher Konzentration vor. Es handelt sich dabei wahrscheinlich um Larven von Staatsquallen. Bei Berührung spürt man ein punktartiges Brennen auf der Haut. Da das Plankton kaum zu sehen ist und sein Vorkommen oft mit dem vermehrten Auftreten von Rippenquallen oder Salpen zusammenfällt, werden diese beiden Gruppen oft verdächtigt, zu nesseln. Sie sind aber völlig harmlos und gehören nicht zu den Nesseltieren.

Die Nesselkapseln sind mikroskopisch kleine, ovale Bläschen (0,05 mm), die mit Nesselgift gefüllt sind und unter hohem Druck (bis 100 bar) stehen. Außerdem befinden sich im Inneren jeder Nesselkapsel ein mit Widerhaken versehener Stilettapparat und ein aufgerollter Schlauch, der unter Spannung steht. Berührt ein Feind oder ein Beutetier eine Nesselkapsel, wird durch einen Zellfortsatz (Cnidocil) an der Oberfläche – ähnlich einem Zünder – die Kapsel zur Explosion gebracht. Mit einer enorm hohen Beschleunigung, wie sie sonst in der Natur nicht vorkommt (etwa

$400\,000 m/sec^2$, also das 40 000fache der Fallbeschleunigung), wird die stilettartige Spitze dem Opfer in den Körper geschossen und dort mit Widerhaken festgehalten. Der Schlauch wird beim Herausschleudern wie ein Handschuhfinger umgestülpt, so daß das lähmende Nesselgift in die Haut des Opfers injiziert wird. Kleinere Beutetiere wie Zooplankton werden auf diese Weise getötet, größere wie Fische gelähmt und als Nahrung zur Mundöffnung transportiert. Die Nesselkapseln werden dabei laufend »verbraucht« und von den Nesselzellen neu gebildet. Das Funktionsprinzip ist bei allen Nesseltieren gleich, doch zeigen viele Kapseln artspezifische Merkmale. Man unterscheidet deshalb verschiedene Typen von Nesselzellen, die hier aber nicht im einzelnen beschrieben werden sollen. Diese mikroskopischen Merkmale werden gelegentlich zur Bestimmung einzelner Arten herangezogen.
Das Gift der Nesseltiere kann auch für den Menschen sehr gefährlich sein und verbrennungsähnliche Verletzungen verursachen; im Extremfall kommt es zu Todesfällen. Bei den Giften aller Nesseltiere handelt es sich um Proteine, die auf Grund ihrer Wirkung in 2 Gruppen eingeteilt werden: **Cytolysine** greifen die Zellmembranen an, deren Durchlässigkeit sich dadurch verändert. **Neurotoxine** sind Polypeptide, die an den Nervenmembranen eine Dauererregung auslösen. Dies wiederum führt zu Lähmungen durch eine kontinuierliche Muskelkontraktion. Bei großflächigem Kontakt mit gefährlichen Arten wie der Seewespe ist respiratorisches Versagen durch Lähmung der Atemmuskulatur nicht auszuschließen.
Die Wirkung hängt von verschiedenen Faktoren ab: Von der Hautbeschaffenheit und dem Verhalten des Betroffenen, der Durchschlagskraft der Nesselzellen, der Menge der explodierten Nesselzellen und der Stärke des Nesselgiftes. Nach wiederholtem Kontakt kommt es häufig zu allergischen Reaktionen, so daß sich die Wirkung wesentlich verschlimmern kann: Personen, die bereits Kontakt mit gefährlichen Nesseltieren hatten, können bei einem Sekundärkontakt bedeutend heftiger reagieren.

Wichtig! Der wirksamste Schutz gegen den Kontakt mit Nesseltieren sind Neopren- oder Lycra-Anzüge (»Stinger suits«), selbst Strumpfhosen geben einen ausreichenden Schutz. Jeans werden sehr oft zum Schnorcheln oder Tauchen benützt; sie bieten auch einen gewissen Schutz, aber nur, solange kein Nesseltier in das Hosenbein gerät; in diesem Fall kommt es zu besonders schweren Verletzungen. Entscheidend ist also nicht die Stärke des Materials, sondern der richtige Abschluß an den Armen und Beinen.
Am besten berührt man im Meer nichts und geht allen quallenähnlichen Tieren – besonders ihren Fangarmen – aus dem Weg.

Kommt die Haut mit einem Nesseltier in Berührung, fühlt man ein Brennen auf der Haut und reagiert gewöhnlich spontan mit Reiben oder Kratzen, was zu weiteren Entladungen der noch aktiven Kapseln führt. Man sollte deshalb bei versehentlichem Kontakt möglichst diese spontane Reaktion unterdrücken und die betroffenen Stellen fachgerecht behandeln. Tentakelreste sofort mit Salzwasser abspülen. Auf keinen Fall darf man mit Süßwasser oder Alkohol spülen, weil dadurch weitere Nesselzellen explodieren.

Es gibt Nesseltiere, deren Nesselkapseln die Haut eines Menschen nicht durchdringen können, während andere – etwa die Seewespe – über ein Waffenarsenal verfügen, das 3 Menschen töten könnte, wenn alle Nesselkapseln gleichzeitig explodieren würden. Nesselgift verursacht im harmlosesten Fall Juckreiz, meistens aber Schmerzen, die bei gefährlichen Arten unerträglich sein können. Oft bilden sich kurze Zeit nach dem Kontakt Blasen, die nicht geöffnet werden sollten.

Beim Kontakt mit Nesseltieren bleibt Schleim mit noch aktiven Nesselkapseln auf der Haut haften, die inaktiviert werden müssen. Da die Nesselkapseln artspezifisch wirken, müssen sie auch unterschiedlich behandelt werden. Ein universell anwendbares Mittel zur Inaktivierung ist nicht bekannt. Bei vielen Arten wird 5 %iger Weinessig (Haushaltsessig) langsam über die betroffenen Stellen gegossen. Die Dauer der Anwendung ist wichtiger als die Essigmenge, deshalb sehr langsam spülen. Den Spülessig wenn möglich auffangen, falls die verfügbare Menge nicht ausreicht.

Die meisten Nesseltiere besitzen außer den Nesselkapseln auch Klebekapseln (Glutinanten), welche die Aufgabe haben, Beutetiere festzuhalten. Diese Kapseln sind ähnlich gebaut wie die Nesselkapseln, enthalten aber kein Gift, sondern einen Klebefaden, der beim Herausschleudern an der Beute hängenbleibt. Andere Kapseln, die Volventen, schleudern Fäden aus, die sich um Härchen oder Borsten der Beute wickeln und sie so festhalten.

Alle Medusen schwimmen langsam und können dem Menschen nur dann gefährlich werden, wenn man sie übersieht oder absichtlich berührt.

Wichtig! Schnorchler und Taucher sollten im Wasser schwebenden »Fäden« weiträumig aus dem Wege gehen. Bei den festsitzenden Nesseltieren genügt ein kleiner Abstand zum Riff, damit man nicht mit ihnen in Berührung kommt.
Strandwanderer und am Strand spielende Kinder sind gefährdet, wenn sie mit gestrandeten Nesseltieren in Berührung kommen; die Nesselkapseln sind noch sehr lange aktiv!

Geschützte Stellen wie die Innenseiten der Arme und Beine oder die Haut zwischen den Fingern reagieren relativ empfindlich. Besonders sensibel sind die

Schleimhäute an Augen, Lippen und Nasenöffnungen. Oft kommt es an diesen Stellen zu starkem Brennen, weil an den Händen oder der Bekleidung haftende Nesselzellen übertragen werden. Dies geschieht oft unbewußt, da die Nesselwirkung von der relativ unempfindliche Hornhaut der Handflächen nicht wahrgenommen wird. Eine wichtige Schutzmaßnahme besteht darin, für das Gebiet, in dem man schwimmen oder tauchen möchte, Informationen über gefährliche Arten von kompetenten Personen einzuholen. Die wirklich gefährlichen Arten kommen lediglich in sehr wenigen Gebieten und nur zu bestimmten Jahreszeiten vor.

Hydrozoen

Verbreitung

Tropische bis kalte Meere, bis in Tiefen von 100 m.

Symptome

Starker Juckreiz oder Brennen, oft Blasenbildung. Empfindliche Hautpartien reagieren oft heftig. Allergische Reaktionen bei wiederholtem Kontakt sind bekannt.

Erste Hilfe

Kontaktstellen nicht berühren, reiben oder kratzen (Eigenschutz)! Nicht mit Süßwasser oder Alkohol abspülen. Nicht mit Eis kühlen. Essiggetränkten

Hydrozoen sind zart wirkende Gebilde, aber sehr wehrhaft. Bei Berührung macht sich - je nach Empfindlichkeit der Haut - ein relativ starkes Brennen bemerkbar. Die spontane Reaktion zu reiben oder zu kratzen verschlimmert die Nesselwirkung.

Lappen auflegen bis die Schmerzen nachlassen. Juckreiz mit Soventol® oder ähnlichen Präparaten behandeln.

Spezifische Therapie

Lokalanästetikum wie Lidocainsalbe. Bei allergischer Reaktion lokale Therapie mit Antihistaminikum oder Hydrocortison.

Hydrozoen sind seßhafte Tierkolonien mit meistens verzweigter, federartiger oder strauchförmiger Gestalt. Diese zart wirkenden Kolonien sind mit einer großen Zahl von Nesselkapseln ausgestattet; ihr filigranes Erscheinungsbild läßt nicht vermuten, wie gefährlich sie sind. Man sollte deshalb immer genug Abstand zum Grund halten. Wegen ihres andersartigen, typischen Erscheinungsbildes werden die ebenfalls zu den Hydrozoen zählenden Feuerkorallen ab Seite 30 gesondert behandelt. Nach einem Kontakt mit Hydrozoen die betroffenen Stellen nicht berühren, nicht daran reiben oder kratzen! Vorsichtig mit 5 %igem Weinessig (Haushaltsessig), nie mit Süßwasser oder Alkohol behandeln. Die Haut zwischen den Fingern und die Innenseiten der Arme und Beine reagieren besonders empfindlich. Sehr gefährlich ist es, wenn man die Nesselkapseln unbewußt auf Schleimhäute überträgt.
Je nach Intensität des Nesselgiftes kommt es zu starkem Juckreiz oder Brennen, wie beim Kontakt mit Brennnesseln, als Folgeerscheinung bilden sich oft Blasen. Das Öffnen der Nesselverletzungen durch Kratzen kann einen

Die nur wenige Zentimeter große Fieder-Hydrozoe *(Lytocarpus philippinus)* kann an empfindlichen Hautstellen starke Nesselverletzungen hervorrufen, die sehr langsam heilen.

langwierigen Heilungsprozess nach sich ziehen. Antiallergische Salben wie Soventol lindern den Juckreiz und die Schmerzen. Allergische Reaktionen oder Sekundärinfektionen sind häufig. Bei großflächigem Kontakt kann es zu Übelkeit, Kopfschmerzen, Schwindel und Kreislaufkollaps kommen; schwerwiegendere Symptome sind kaum zu erwarten.
Hydrozoen siedeln auf festem Grund und bevorzugen schattige Plätze. Die einzelnen Polypen schützen sich vor spezialisierten Freßfeinden durch trichterförmige Schutzhüllen, in die sie sich zurückziehen können. Die Kolonien erreichen eine Höhe von 15 cm und vergrößern sich durch Knospung: Bei dieser ungeschlechtlichen Vermehrung schnüren sich von einem Polyp Knospen ab, aus denen sich neue Polypen entwickeln. Bei einer speziellen Art der Knospung entstehen Medusen, die sich gänzlich loslösen und pulsierend im

Wasser bewegen. Diese wiederum vermehren sich geschlechtlich: Dabei werden Eier befruchtet, aus denen sich Larven entwickeln. Man bezeichnet diesen Fortpflanzungszyklus als Generationswechsel. Die Larven werden mit der Meeresströmung verdriftet und lassen sich schließlich auf einem geeigneten Grund nieder. Nun verwandelt sich die Larve in einen Hydropolypen, der die Basis einer neuen Kolonie bildet, die sich zunächst durch Knospung vergrößert und schließlich Medusen abschnürt, die sich geschlechtlich fortpflanzen.

Feuerkorallen

Verbreitung

Tropischer Indopazifik, Rotes Meer und Karibik.

Symptome

Wie Hydrozoen.

Erste Hilfe

Wie Hydrozoen.

Spezifische Therapie

Wie Hydrozoen.

Feuerkorallen sind keine Korallen, wie ihr Name vermuten lassen könnte, sondern Hydrozoen.Wie alle Nesseltiere setzen Feuerkorallen ihre Giftwaffen vorrangig zum Beuteerwerb ein, aber auch zur Verteidigung. Ihr Nesselgift ist wesentlich wirkungsvoller als das der Steinkorallen, so daß sie sich »leisten können«, am Tag aktiv zu sein, denn sie haben nur wenige Freßfeinde. Kommt man mit ihnen in Berührung, spürt man ein mehr oder weniger starkes Brennen. An der Kontaktstelle bleibt eine Schleimschicht mit aktiven Nesselkapseln auf der Haut haften, die bei Berührung explodieren und die Vergiftung verschlimmern. Deshalb jede Berührung vermeiden und besonders bei Strömung weiträumig ausweichen. Personen, die bereits Vergiftungen durch Nesseltiere hatten, neigen zu allergischen Reaktionen und sollten besonders vorsichtig sein.

Der Name der Feuerkorallen ist von ihrer Wuchsform abgeleitet, denn sie haben tatsächlich große Ähnlichkeit mit Korallen. Sie besitzen genau wie Steinkorallen die Fähigkeit, dem Wasser gelöstes Kalzium und andere Mineralstoffe zu entziehen, und bilden Kalkskelette aus. Zunächst wird der Untergrund mit einer dicken Kalkschicht überzogen, bevor die Feuerkoralle korallenartig in die Höhe wächst. Die Strukturen variieren von verzweigt über netzartig bis zu plattenförmigen Gebilden. Das Skelett ist von einer lebenden Zellschicht überzogen, dem Ektoderm, in dem sich Algen befinden, mit denen Feuerkorallen in Symbiose leben. Der wechselseitige Nutzen für die Partner besteht im Nährstoffaustausch. Die Algen produzieren wie alle Pflanzen aus Wasser und Kohlendioxid mit Hilfe der Sonnenenergie Traubenzucker und Sauerstoff. Gleichzeitig wird die Kalkabscheidung und damit das Wachstum der Feuerkoralle gefördert. Die Kolonien wachsen deshalb im lichtdurchfluteten Flachwasser schneller und kommen in tiefen Wasserzonen kaum vor. Sie leisten einen wesentlichen Beitrag zur Riffbildung. Das Wachstum der Kolonie erfolgt durch Kalkablagerungen in der lebenden Gewebeschicht, während die tieferen Schichten absterben und nur aus relativ sprödem Kalk bestehen; sie brechen sehr leicht ab.

Die Polypen vermehren sich durch Knospung. Im Gegensatz zu den Steinkorallen besitzen Feuerkorallen unterschiedliche Polypen: Die langen, dünnen und sehr beweglichen Wehrpolypen, die meist um einen Freßpolypen angeordnet sind, schützen die kurzen Freßpolypen vor Feinden; man kann sie als helle »Haare« gut erkennen. Wehrpolypen besitzen keine Mundöffnung und reichen gefangenes Plankton an den Freßpolypen weiter. Mit der aufgenommenen Nahrung werden auch die Wehrpolypen versorgt; alle Polypen eines Stockes sind durch ein Kanalsystem, sogenannte Stolonen, miteinander verbunden. Die Polypen befinden sich in Röhren an der Oberfläche der Kolonie und ziehen sich bei Gefahr blitzschnell zurück, dann sind nur noch die »tausend Poren« in der Oberfläche erkennbar, die ihnen den Gattungsnamen *Millepora* einbrachten.

Die Verbreitung der Arten erfolgt über ein Medusenstadium: In den Stolonen bilden sich Geschlechtszellen, die in einen Polypen wandern. Der Polyp verwandelt sich in eine Meduse, die sich durch Abschnüren von der Kolonie löst.

Feuerkorallen *(Millepora* spp.*)* sind keine Korallen, sondern gehören zu den Hydrozoen. Sie können durch Kalkabscheidung korallenartige Kolonien bauen, die aber sehr spröde sind und leicht abbrechen.

Die Meduse ist nur wenige Stunden lebensfähig und muß in dieser Zeit einen geeigneten Untergrund finden, damit sich die Art erfolgreich verbreiten kann. Zuerst bilden sich die wurzelartigen Stolonen, die dann mit der Kalkbildung an den Außenseiten beginnen. Benachbarte Stolonen verbinden sich zu einer festen Kalkmasse, dem Skelett der Kolonie.
Obwohl Feuerkorallen verschiedene Wuchsformen haben, gibt es gemeinsame Merkmale, die sie von den Steinkorallen unterscheiden: Alle haben eine hellbraune bis beige Färbung mit hellen, verdickten Zweigenden, die sich – je nach Art – mehr oder weniger deutlich abheben. Die meisten Feuerkorallen haben eine verästelte Form, von denen manche eine netzartige Struktur aufweisen; auch plattenförmige Arten kommen vor. Sie wachsen überwiegend zweidimensional und stehen quer zur vorherrschenden Strömungsrichtung.

Die Nesselwirkung der Wehrpolypen einer Feuerkoralle, die als »Härchen« zu erkennen sind, ist wesentlich stärker als die der Polypen einer Steinkoralle.

Staatsquallen

Verbreitung

Tropische bis gemäßigte Meere, überwiegend küstenfern.

Symptome

Brennende Schmerzen, striemen- oder kettenartige Hautrötungen. Lokale Schweißausbrüche (Urtikaria). Oft bilden sich Blasen und Quaddeln.

Erste Hilfe

Kontaktstellen nicht berühren, Tentakelreste mit Meerwasser abspülen. Aktive Nesselkapseln etwa 30 Sekunden mit 5 %igem Weinessig (Haushaltsessig) abspülen; nie mit Süßwasser oder Alkohol behandeln. In schweren Fällen beruhigend auf den Patienten einwirken, ruhigstellen und Notarzt verständigen. Atmung und Kreislauf überwachen. Unnötige Bewegungen vermeiden, keine Anstrengung beim Transport. Stabile Seitenlage.

Spezifische Therapie

Inaktivierung der Nematocysten mit 5 %iger Essigsäure (Haushaltsessig). Symptomatische Therapie unter Einschluß intensivmedizinischer Maßnahmen.

Staatsquallen sind freilebende Polypenkolonien, die mit vielen Nesselkapseln ausgerüstet sind, welche sich in hoher Konzentration an den Tentakeln befinden. Sie stellen eine große Gefahr für Menschen dar, die ungeschützt aus Unachtsamkeit mit ihnen in Berührung kommen. Für Schwimmer, die keine Tauchbrille tragen, sind sie besonders gefährlich, weil diese die Quallen nicht rechtzeitig sehen und sich förmlich in den vielen dünnen Fangfäden verstricken können. Dadurch werden entsprechend viele Nesselzellen zur Entladung gebracht und injizieren ihr Gift in die Haut. Die Nesselzellen gestrandeter Staatsquallen sind noch lange aktiv und für Strandwanderer und am Strand spielende Kinder sehr gefährlich. In Gebieten mit vermehrtem Aufkommen von Staatsquallen nur mit größter Umsicht ins Wasser gehen. An der Oberfläche auf die »Luftkissen« der Portugiesischen Galeere (siehe folgenden Abschnitt) achten.

Staatsquallen bestehen aus vielen Einzelpolypen, die wie in einem »Staat« zusammenleben und zeitlebens miteinander verbunden sind; das gab ihnen ihren Namen. Unter den Individuen einer Kolonie herrscht eine differenzierte Arbeitsteilung: Freßpolypen, Geschlechtsglocken, Wehrpolypen, Deckblätter und Fangfäden kooperieren wie die Organe der meisten Lebewesen; einzeln sind sie nicht lebensfähig. Die Fangfäden sind mit vielen Nesselkapseln ausgestattet; Beutetiere, die damit in Berührung kommen, werden durch das starke Nesselgift betäubt oder getötet. Die meisten Staatsquallen besitzen nur einen Freßpolypen, manche Arten mehrere. Die gefangene Nahrung wird dem Freßpolypen zugeführt, der sozusagen den »Magen« der Kolonie darstellt und die anderen Individuen mit Nährstoffen versorgt.
Die Angehörigen dieser formenreichen Gruppe bevorzugen gleichmäßige Wassertemperaturen. Sie leben in warmen

Die meisten Staatsquallen, hier *Forskalia edwardsi,* sind im Meer sehr schwer zu erkennen, da sie sehr dünn und transparent sind. Sobald man sie berührt, spürt man einen brennenden Schmerz.

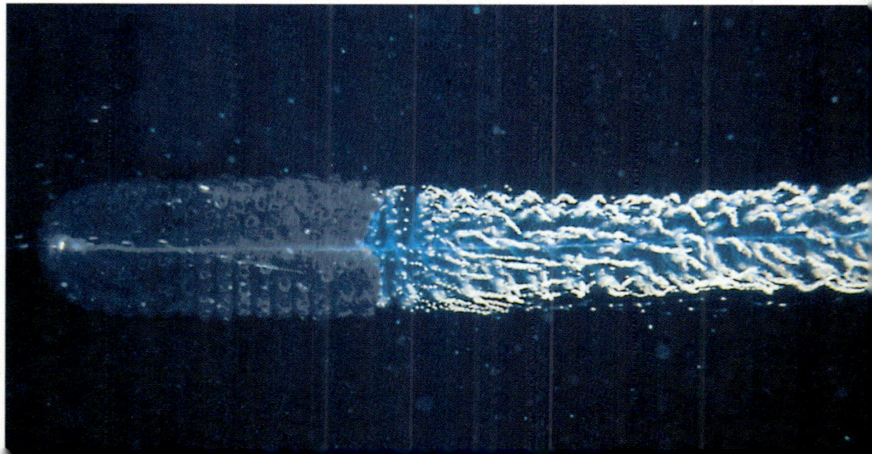

Gewässern vorwiegend in tieferen Bereichen, in kühleren Meeren nur im wärmeren Oberflächenwasser. Viele Arten werden durch Öl- oder Gaseinlagerungen im hydrostatischen Gleichgewicht gehalten, andere führen pulsierende Schwimmbewegungen aus. Die ballonartigen Gasbehälter (Pneumatophoren) sind gewöhnlich sehr klein, nur bei der bekannten Portugiesischen Galeere sind sie stark vergrößert.
Viele Arten der Staatsquallen sind bewegungsunfähig und treiben mit der Strömung durch die Meere. Sie können aber die Tiefe bestimmen, indem sie den durch Öl- oder Gaseinlagerungen beeinflußbaren Auftrieb verändern. Alle Arten leben freischwimmend im Meer und können nur geringe Schwankungen des Salzgehaltes vertragen. Schon eine Salzkonzentration wie im Brackwasser können sie nicht überleben.

Portugiesische Galeere

Verbreitung

Tropische und subtropische Meere.

Symptome

Brennende Schmerzen, striemen- oder kettenartige Hautrötungen. Lokale Schweißausbrüche (Urtikaria). Meistens bilden sich Blasen und Quaddeln. Todesfälle sind bekannt, aber selten.

Erste Hilfe

Kontaktstellen nicht berühren, Tentakelreste mit Meerwasser abspülen. Bei dieser Art müssen die Nesselzellen regional unterschiedlich deaktiviert werden (siehe Text), nie mit Süßwasser oder Alkohol behandeln.
In schweren Fällen beruhigend auf den Patienten einwirken, ruhigstellen und Notarzt verständigen. Atmung und Kreislauf überwachen. Unnötige Bewegungen vermeiden, keine Anstrengung beim Transport. Stabile Seitenlage, gegebenenfalls mit Wiederbelebungsmaßnahmen beginnen.

Spezifische Therapie

Kein Antidot bekannt. Symptomatische Therapie unter Einschluß intensivmedizinischer Maßnahmen. Hauterscheinungen können in einem Intervall von 2–4 Wochen rezidivieren.

Innerhalb der Ordnung Staatsquallen (siehe vorheriger Abschnitt) sind Portugiesische Galeeren die gefährlichsten Tiere. Sie besitzen einen großen Gasbehälter, der an der Oberfläche treibt und an ein aufblasbares Plastikkissen erinnert. Darunter hängen wurzelartige lange Tentakel, die zum Beutefang bis zu 30 m ausgestreckt werden können und mit einer großen Zahl Nesselkapseln ausgestattet sind. Diese haben eine starke Giftwirkung und dienen dem Nahrungserwerb und der Verteidigung. Kleine Beutetiere werden damit getötet oder betäubt und zum Freßpolypen der Kolonie transportiert.
Es gibt 2 Arten, die sich in ihrer Größe und Verbreitung unterscheiden: Bei *Physalia physalis* wird die Gasblase bis zu 15 cm lang. Sie ist im Atlantik und im Mittelmeer beheimatet. *Physalia utriculus* besitzt eine 3–6 cm lange Gas-

blase und lebt im Indopazifik. Sie unterscheidet sich von der größeren Art noch dadurch, daß sie nur ein Tentakel besitzt.
Kommt die ungeschützte Haut eines Menschen mit den Tentakeln in Kontakt, ist ein starkes Brennen zu spüren. Die betroffenen Stellen sollte man nicht berühren, da sich dadurch weitere Nesselkapseln entladen und die Schmerzen verstärken. Es befinden sich immer aktive Kapseln auf der Haut, die in Schleim eingebettet sind. Kratzt oder reibt man, explodieren sie und verschlimmern die Verbrennung. Als Abwehrreaktion der Haut kommt es zu lokalen Schweißausbrüchen. Todesfälle sind nur von *Physalia physalis* bekannt.

Die Nesselzellen der Portugiesischen Galeere müssen regional unterschiedlich deaktiviert werden. In Australien hat man die besten Erfahrungen mit Backpulver oder Magnesiumsulfat gemacht, das mit Wasser zu einem Brei angerührt und vorsichtig aufgetragen wird. In anderen Gebieten ist 5 %iger Weinessig (Haushaltsessig) zu empfehlen. Man darf bei der Behandlung nicht reiben, sondern sollte die Stellen langsam abspülen.
Bei empfindlichen Personen kann das Gift der Portugiesischen Galeere zu schweren Verbrennungen führen. Auch bei leichten Verletzungen ist es empfehlenswert, einen Arzt aufzusuchen, um Folgeschäden zu vermeiden.
Portugiesische Galeeren sind hauptsächlich Bewohner der Hochsee tropischer und subtropischer Meere, nur selten sieht man sie an küstenfernen Inseln.

Die Portugiesische Galeere segelt mit ihrer Schwimmblase an der Oberfläche und strandet gelegentlich an der Küste. Die Nesselzellen bleiben lange aktiv! Spielende Kinder sind sehr gefährdet.

Sie »segeln« mit dem Wind, indem sie ihre Gasblase bei günstigem Wind anheben, und ziehen ihre giftigen Tentakeln wie Schleppleinen durchs Wasser.

Wichtig! Bei starkem Wind werden Portugiesische Galeeren manchmal an die Küste getrieben. Die Nesselkapseln gestrandeter Tiere sind noch lange aktiv und sollten nicht berührt werden; Strandurlauber – besonders Kinder – sind sehr gefährdet.

Schirmquallen

Verbreitung

Weltweit in allen Meeren.

Symptome

Je nach Art mehr oder weniger starkes Brennen, auch Hautrötung, Schwellungen und Blasenbildung. Gelegentlich Übelkeit, Kopfschmerzen, Erbrechen, Schüttelfrost und Fieber. Allergische Reaktionen bei wiederholtem Kontakt sind bekannt. Schwere Vergiftungen sind eher eine Ausnahme.

Erste Hilfe

Bei Vernesselung durch Feuerquallen *(Chrysaora)* und die Haarqualle *(Cyanea capillta)* Kontaktstellen vorsichtig mit einer Paste aus Backpulver und Wasser bestreichen; bei anderen Arten wie der Leuchtqualle *(Pelagia nociluca)* mit einer Magnesiumsulfatlösung abwaschen. Haftengebliebene Tentakel vorher mit Seewasser abspülen.

Spezifische Therapie

Inaktivierung der Nematocysten (siehe Seite 27). Lokalanästetikum wie Lidocainsalbe. Lokaltherapie von Verbrennungen 2. Grades mit Silbersulfadiazine.

Schirmquallen verfügen über sehr unterschiedlich wirkende Nesselgifte. Diese im Mittelmeer beheimatete Art hat eine starke Nesselwirkung. Auch gestrandete Quallen können gefährlich sein.

Schirmquallen gehören zu den Nesseltieren und besitzen einen schirm- oder glockenförmigen Körper mit einer vierstrahligen Symmetrie. Die Nesselzellen befinden sich fast nur unter dem Schirm, entweder an den Tentakeln des Außenrandes oder wie bei den Wurzelmundquallen an den traubenartigen Tentakeln um die Mundöffnung, die bei vielen Arten ein beachtliches Volumen besitzt. Viele Arten in tropischen Meeren sind relativ harmlos, da ihre Nesselzellen die Haut des Menschen nur schwer durchdringen können. Die große Artenvielfalt der Quallen macht es fast unmöglich, alle gefährlichen Arten zu kennen. Es ist deshalb ratsam, allen unbekannten Arten aus dem Weg zu gehen. Nicht ohne Tauch- oder Schwimmbrille im Meer aufhalten und mit Umsicht bewegen; Tauchanzüge bieten einen optimalen Schutz. Bei Kontakt mit Schirmquallen keine schnellen Bewegungen machen, weil dadurch wesentlich mehr der giftigen Nesselzellen explodieren.

Taucher, Schnorchler und Badende sollten allen Quallen aus dem Weg gehen, besonders Arten, die dünne lange Tentakel besitzen.

Der Körper der Schirmquallen besteht aus einer gelatineartigen Masse, dem »Stützskelett« dieser Tiere. Der Schirmrand bildet einen Saum, der durch pulsierende Kontraktionen einen Vortrieb erzeugt. Im Zentrum der Unterseite befinden sich die Mundöffnung und der Magen, in dem auch die Geschlechtszellen heranreifen. Schirmquallen sind vorwiegend getrenntgeschlechtlich; sie versammeln sich zu bestimmten Jahreszeiten in Küstennähe und geben ihre Keimzellen ins freie Wasser ab. Aus den befruchteten Eiern bilden sich planktonisch lebende Larven, die sich am Ende des Larvenstadiums auf einem geeigneten Platz festsetzen und sich zu einem sessilen Polyp umwandeln. Dieser Generationswechsel kommt bei fast allen Schirmquallen vor. Aus dem Polyp geht eine neue Medusengeneration hervor: Zuerst werden die Tentakeln abgeworfen, danach lösen sich durch Abschnürung nacheinander Scheiben von dem »Stamm«: das Jugendstadium der Medusengeneration. Der Generationswechsel ist fast nur im Schelfgürtelbereich möglich, da die Polypen nur bis zu einer bestimmten Tiefe überleben können.

Leuchtquallen, die im Mittelmeer und Atlantik leben, vermehren sich ohne Generationswechsel und konnten das offene Meer erobern, da sie nicht auf die flacheren Schelfgebiete angewiesen sind. Das ist nur möglich, weil sich aus

Die Ohrenqualle *(Aurelia aurita)* kommt im Roten Meer zu bestimmten Jahreszeiten in großer Zahl vor. Sie gehört aber zu den harmlosen Arten, die eine geringe Nesselwirkung haben.

den Larven junge Quallen entwickeln. Im gleichen Verbreitungsgebiet lebt die Kompaßqualle, die wie auch viele Fischarten zu den protandrischen Folgezwittern gehören: Im ersten Stadium sind die Tiere männlich und im letzten weiblich; dazwischen sind sie Zwitter und zur Selbstbefruchtung fähig.
Wie bei den meisten Nesseltieren werden auch bei den Schirmquallen die Nesselkapseln vorrangig zum Beutefang eingesetzt, aber auch zur Verteidigung. Berühren Beutetiere die Tentakel, werden sie durch das Nesselgift gelähmt oder getötet und zur Mundöffnung transportiert. Schirmquallen ernähren sich hauptsächlich von Zooplankton, aber auch von anderen freischwimmenden Tieren wie Quallenarten anderer Klassen, Krebsen und Fischen. Die bekannte Ohrenqualle der tropischen Meere hat eine ungewöhnliche Ernährungsweise, sie führt Plankton durch Cilienschläge zur Mundöffnung, wie es von Korallenpolypen bekannt ist.

Spontan möchte man meinen, daß diese transparenten Lebewesen mit wenig Nahrung auskommen, aber Quallen sind sehr gefräßig und verschlingen oft große Mengen. Schirmquallen kommen in fast allen Meeren vor, in tropischen, gemäßigten und kalten. Die größte Art *(Cyane capillata)* erreicht einen Schirmdurchmesser von 2 m.

Würfelquallen

Verbreitung

Überwiegend im offenen Meer des tropischen Pazifiks, auch im Indischen Ozean; vorwiegend an Flußmündungen und in Häfen. In Australien im Flachwasser. Eine Art im Mittelmeer.

Symptome

Sofort extrem starke Schmerzen; bei großflächigem Kontakt Ertrinkungsgefahr durch Bewußtlosigkeit! Striemenartige Nesselabdrücke (prints) sind rot – bei der Seewespe *(Chironex fleckeri)* bläulich bis braun. Allergische Reaktionen bei wiederholtem Kontakt sind lebensgefährlich.

Erste Hilfe

Betroffene Person bergen, Tentakelreste mit Seewasser abspülen, nie mit Süßwasser oder Alkohol (siehe auch Text)! Kontaktstellen nicht berühren und so schnell wie möglich mit 5 %igem Weinessig (Haushaltsessig) langsam abspülen (mind. 30 sec). Notarzt verständigen. Kompressionsverband anlegen und mit Essig tränken. Unnötige Bewegungen vermeiden. Beruhigend auf den Verunglückten einwirken. Atmung und Puls ständig überwachen, gegebenenfalls mit Wiederbelebungsmaßnahmen beginnen.

Spezifische Therapie

Antidot in Australien erhältlich; nur bei Bewußtlosigkeit, Atem- oder Herz-Kreislauf-Problemen anwenden. Bei der Applikation ist mit anaphylaktischen Reaktionen zu rechnen. Weitere Therapie symptomatisch unter Einschluß intensivmedizinischer Maßnahmen.

Würfelquallen sind die gefürchtetsten Nesseltiere, ihr starkes Gift ist für viele Todesfälle verantwortlich. In Australien wurden allein in dem Gebiet um Darwin bis Nord-Queensland in der Zeit von 1910 bis 1964 38 Todesfälle gemeldet. Dafür ist die berüchtigte Seewespe *(Chironex fleckeri)* verantwortlich, die in den Monaten Dezember und Januar vermehrt auftritt. Auch von Juli bis August ist es schon zu Unfällen gekommen, besonders im Norden des Landes. Wegen der erhöhten Unfallgefahr sind in bestimmten Gebieten die Strände zum Baden gesperrt. Besonders gefährdet sind Personen, die bereits Kontakt mit den Tieren hatten. Obwohl unser Organismus nach dem Erstkontakt Antikörper bildet, kommt es meistens beim Zweitkontakt zu einer allergischen Reaktion mit schlimmen Folgen. Der beste Schutz für Schnorchler und Taucher sind Tauchanzüge und genügend Abstand, damit man mit den stark nesselnden Tentakeln nicht in Berührung kommt. Dazu muß man die Tiere schnell und richtig identifizieren können und sich im Wasser mit größter Umsicht bewegen. Würfelquallen weichen zwar größeren Lebewesen aus, schwimmen aber nicht schnell genug, um vor Schwimmern oder planschenden Kindern zu fliehen.

Es gibt 16 verschiedene Arten von Würfelquallen; alle sind sehr gefährlich. Man kann sich gegen das starke Nesselgift durch geeignete Kleidung schützen.

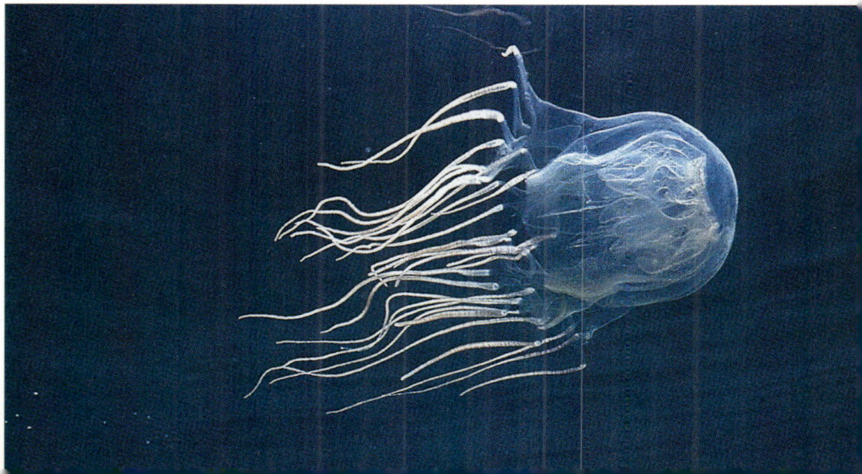

Wichtig! In den Verbreitungsgebieten der Würfelquallen Warnhinweise beachten und nicht an einsamen Stränden baden; besonders gefährlich sind die trüben Küstengewässer Australiens. Im Flachwasser spielende Kinder können lebensgefährlich verletzt werden. Badende sind stärker gefährdet als Taucher und Schnorchler, da sie die Tiere ohne Tauchbrille nicht sehen können. Auch Taucher und Schnorchler sollten sich mit größtmöglicher Umsicht bewegen und sich durch Tauchanzüge schützen; notfalls hilft auch Textilbekleidung. Die Tiere treten besonders nach Stürmen an schwülen Tagen vermehrt im Küstenbereich auf.

Der Name der Würfelqualle ist von ihrer würfelähnlichen Form abgeleitet, die »Ecken« sind nicht bei jeder Art deutlich zu erkennen. Die farblose Glocke besitzt eher den Querschnitt einer Banane und ist nicht viel höher als der Durchmesser; dieser beträgt bei den meisten Arten zwischen 5 und 8 cm, selten bis 20 cm.
Eine sehr kleine Art *(Carukia barnesi)*, die im offenen Meer lebt, wird nur 2,5 cm groß und hat als einzige Art die Nesselkapseln auch auf dem Schirm. Gelegentlich wird sie durch starke Strömungen in Küstennähe getrieben. Kontakt mit Menschen ist zwar selten, aber gefährlich, da bei dieser kleinen Art die Schmerzen anfänglich gering sind und es zu einem verzögerten Auftreten der Symptome kommt. Entweder erkennt man den Zusammenhang nicht oder die Gefahr wird unterschätzt; dadurch werden Rettungsmaßnahmen zu spät eingeleitet und unbehandelt kann es zu einem gefährlichen Krankheitsbild kommen.
Je nach Art befinden sich an den »Ecken« der Glocke 4 Tentakel oder Tentakelgruppen auf verdickten Basen. Bei vielen Arten sind sie in kontrahiertem Zustand nur unwesentlich länger als der Schirm, aber ausgestreckt können die Tentakel großer Arten eine Länge von mehreren Metern erreichen.
Die Klasse Würfelquallen (Cubozoa) umfaßt 16 bekannte Arten. Alle sind relativ schnelle Schwimmer, eine Art kann ihre Glocke bis zu 2mal pro Sekunde kontrahieren. Sie können auch geschickt steuern und manövrieren und Beutetiere gezielt anschwimmen. Da große Lebewesen nicht zur Beute der Würfelquallen gehören, weichen diese dem Menschen aus. Begegnungen sind dennoch gefährlich, weil wir uns schneller bewegen als die Quallen und sie dabei unbemerkt berühren können.
Läßt sich ein Kontakt nicht vermeiden, kann man durch richtiges Verhalten das Schlimmste verhindern. Sobald sich ein brennender Schmerz bemerkbar macht, sollte man versuchen, ruhig zu bleiben und die betroffene Stelle nicht zu berühren. Reiben und Kratzen bringt weitere Nesselkapseln zur Explosion, und die zusätzlich injizierte Giftmenge verschlimmert die Verletzung. Auch wenn die Schmerzen sehr stark sind, ist nicht

gesagt, daß die Kontaktfläche groß und damit lebensbedrohlich ist. Jede unkontrollierte Bewegung, besonders wildes Umsichschlagen durch aufkommende Panik kann zu weiteren Berührungen mit dem Nesseltier führen.
Wegen der Gefahr einer Bewußtlosigkeit muß man die Hilfe anderer Personen in Anspruch nehmen, damit man das Wasser sicher verlassen kann. Bei den Hilferufen nicht herumfuchteln und mit den Beinen strampeln, damit es nicht erneut zu einer Berührung kommt. Wenn möglich von einem Boot aufnehmen lassen und die betroffene Stelle so schnell wie möglich mit 5 %igem Weinessig (Haushaltsessig) abspülen. Auf keinen Fall darf Alkohol oder Süßwasser an die Verletzung gebracht werden, weil sich dadurch die noch aktiven Nesselkapseln auf der Haut entladen.

Wenn nicht in kurzer Zeit Essig besorgt werden kann, die Nesselkapseln mit Seewasser abspülen. In jedem Fall – auch wenn die Verletzung sehr klein ist – sollte ärztliche Hilfe in Anspruch genommen werden. In Australien hat man durch Immunisierung von Schafen ein Antiserum gegen dieses komplexe Gemisch aus Proteingiften entwickelt, das nach bisherigen Erfahrungen eine rasche Linderung verschafft. Damit werden auch Nekrosen weitgehend verhindert.
Würfelquallen sind sehr gefräßig und ernähren sich vorwiegend von Fischen. Sie erbeuten Exemplare, die die eigene Körpergröße übertreffen und in ihrem Magen kann man manchmal gleichzeitig mehrere Fische erkennen. Sie schwimmen die Beute gezielt an und orientieren sich wahrscheinlich mit ihren 4 Sinneskörpern am Schirmrand zwischen den »Ecken«.
Unfälle mit Würfelquallen sind fast nur aus Australien und von den Philippinen bekannt. Würfelquallen kommen aber auch in anderen Gebieten vor und wurden bei den Malediven, in Thailand, Indonesien und im Mittelmeer gesichtet.

Anemonen

Verbreitung

Alle Meere: in kalten nordischen Gewässern sowie im Mittelmeer und in tropischen Meeren.

Symptome

Empfindliche Hautstellen reagieren bei manchen Personen mit heftigem Brennen, Hautrötung, Blasen und Quaddeln. Nur wenige Arten können heftige Verletzungen verursachen.

Erste Hilfe

Die betroffenen Stellen nicht berühren, weder reiben noch kratzen, nicht mit Süßwasser oder Alkohol abwaschen. In schweren Fällen siehe Würfelquallen.

Spezifische Therapie

Wie Hydrozoen. In schweren Fällen siehe Würfelquallen, Seite 39.

Anemonen sind im Gegensatz zu den meisten anderen Nesseltieren weder Tierkolonien, noch können sie Kalkskelette aufbauen. Es sind solitäre Hohltiere, die gemeinsam mit Zylinderrosen, Krustenanemonen und Korallen zur Klasse der Blumentiere (Anthozoa) gehören. Sie sind mit Quallen nahe verwandt und haben einen schlauchförmigen Körper, der am unteren Ende eine Haftscheibe besitzt. Anemonen leben seßhaft und heften sich mit ihrer Fußscheibe auf festem Substrat an oder graben sich im Sand ein. Wenn sich ihre Lebensbedingungen verschlechtern, können sie ihren Standort verändern. Sie kriechen zu einer anderen Stelle, können sich aber auch ganz vom Untergrund lösen und mit der Strömung zu einer anderen Stelle driften. Die meisten Arten sind tagaktiv und breiten zum Beutefang ihre Tentakelkränze scheibenförmig aus, in deren Zentrum sich die Mundöffnung befindet. Bei eintretender Dunkelheit werden die Tentakel von einem Mantel umhüllt, der oft leuchtende Farben trägt. In Gebieten mit reichlichem Nahrungsangebot kann man das Schließen der Anemone auch am Tag beobachten.

Die Beeren-Anemone *(Alicia pretiora)* gehört zu den relativ stark nesselnden Anemonenarten. Sie streckt nur nachts ihre langen Tentakel aus. Sobald Licht auf sie fällt, zieht sie sich rasch zusammen.

Anemonen schützen sich gegen Feinde durch eine enorm große Zahl von Nesselkapseln, welche die Haut des Menschen gewöhnlich nur an sehr empfindlichen Stellen durchdringen können. Da an der Hornhaut der Händen meist niemand die Wirkung der Nesselkapseln spürt, hantieren viele Personen sehr sorglos mit Anemonen. Nach dem Berühren einer Anemone sollte man sich gründlich reinigen, damit die Nesselzellen nicht auf die empfindlichen Schleimhäute übertragen werden können. Nach der Berührung von Anemonen nicht am Auge oder anderen Schleimhäuten reiben. Verletzungen durch Anemonen heilen gewöhnlich schnell, es kann aber zur Narbenbildung kommen, wenn die Blasen oder Quaddeln durch Kratzen geöffnet werden. Über das Gift der Anemonen ist sehr wenig bekannt.

In gemäßigten Meeren kommt es durch wenige Anemonenarten selten zu heftigen Reaktionen. Es handelt sich dabei wahrscheinlich um ein Neurotoxin. In diesem Fall ist vorsorglich eine Behandlung wie bei Verletzungen durch Würfelquallen zu empfehlen.

Die Nesselkapseln befinden sich nur an den Tentakeln und dienen der Verteidigung und dem Beutefang. Anemonen nehmen als Nahrung hauptsächlich Plankton auf, können aber mit ihren Nesselkapseln auch Krebse oder Fische lähmen und töten. Die Beute wird von den Tentakeln durch die Mundöffnung

in den Gastralraum transportiert und Unverdauliches durch die gleiche Öffnung ausgeschieden.
Eine besonders interessante Anemonenart ist die nachtaktive Schmarotzeranemone, die mit Einsiedlerkrebsen in Symbiose lebt. Oft bewohnen mehrere dieser kleinen Anemonen das Schneckenhaus eines Krebses, der durch die nesselnden Tentakel wirksam geschützt wird. Die Anemonen profitieren von dem Transport durch den Einsiedlerkrebs, weil sie dadurch an unterschiedliche Nahrungsquellen gelangen. Die Schmarotzeranemonen besiedeln die Gehäuse der Krebse nicht von sich aus, sondern werden von dem Einsiedlerkrebs dazu animiert. Manche Einsiedlerkrebse streicheln den Fuß der Anemone mit den Scheren, bis die Anemone ihren Fuß vom Untergrund löst. Es wurde schon beobachtet, daß sich die Anemone mit den Tentakeln hält, einen »Handstand-Überschlag« macht und sich mit der Fußscheibe auf dem Schneckengehäuse festsaugt. Aber nicht alle Einsiedlerkrebse gehen so »liebevoll« mit den Anemonen um. Manche zwicken mit den Scheren in den Rand der Fußscheibe, bis sich der Fuß vom Untergrund löst. Der Krebs hält dann die Schmarotzeranemone mit den Scheren und drückt sie so lange auf das Schneckenhaus, bis sie sich festgeheftet hat.
Die bekannteste Symbiose in einem Korallenriff ist die Lebensgemeinschaft zwischen Anemone und Anemonenfischen. Anemonenfische haben außer-

Die meisten Anemonen sind für Meerestiere lebensgefährlich, aber nicht für den Menschen; nur wenige Arten verursachen unangenehme Wunden.

halb einer Anemone keine Überlebenschance und müssen deshalb ihr kleines Territorium gegen jeden Angreifer vehement verteidigen; besonders gegen Falterfische, die die Tentakel der Anemone fressen können, ohne daß ihnen die Nesselkapseln schaden. Die 26 bekannten Anemonenfischarten leben auf nur 10 verschiedenen Anemonenarten der Gattungen *Heteractis, Stichodactyla, Macrodactyla, Entacmaea* und *Dorehensis*, wobei sich die meisten Anemonenfischarten auf 1 oder 2 Anemonenarten spezialisiert haben.
Anemonenfische können in einer Anemone unbeschadet leben, da sie eine Immunität gegen das Nesselgift erworben haben. Sie besitzen eine wesentlich dickere Schleimschicht als andere Korallenfische und übernehmen die Nesselkapseln in ihre Schleimschicht, ohne daß sie explodieren. Diese Anpassung ist nicht spontan möglich. Die Jungfische, die nach dem Larvenstadium eine Anemone suchen, werden von der Anemone unterstützt, denn sie gibt Duftstoffe ins Wasser ab, die den Anemonenfisch anlockt. Hat der Jungfisch eine geeignete Anemone gefunden, muß der für andere Fische tödliche Schleim langsam auf seinen Körper übertragen werden, bis die Anemone den Jungfisch als »ihresgleichen« erkennt. Erst dann kann er sich ungefährdet zwischen den Tentakeln bewegen und bei Gefahr Zuflucht suchen.
Auf Anemonen leben noch andere Tiere, teilweise in Symbiose, aber auch als Kommensalen wie Garnelen und Porzellankrebse.
Anemonen haben die unterschiedlichsten Bezeichnungen, die sich teilweise auf die verschiedenen Verbreitungsgebiete beziehen: Seeanemonen, Meeresanemonen, Seerosen, Aktinien, Wachsrosen und Seenelken.

Andere Blumentiere: Korallen, Zylinderrosen, Seefedern

Verbreitung

Tropische bis kalte Meere.

Symptome

Reizung nur bei empfindlicher Haut. In sehr seltenen Fällen Fieber, Schüttelfrost, Kopfschmerzen, Übelkeit und Erbrechen.
Mechanische Verletzungen an Korallen sind oft schmerzhaft, da Nesselgift in die Wunden gelangt.

Erste Hilfe

Kontaktstellen nicht berühren, nicht reiben oder kratzen! Nicht mit Süßwasser oder Alkohol abspülen. In den meisten Fällen können die Nesselzellen mit Haushaltsessig deaktiviert werden.

Spezifische Therapie

Wie Hydrozoen, Seite 29. Bei mechanischer Verletzung adäquate Wundbehandlung.

Korallen werden in 2 Unterklassen eingeteilt: Zu den sechsstrahligen Korallen gehören, außer den bereits beschriebenen Anemonen, die Steinkorallen, Krustenanemonen, Zylinderrosen und Schwarzen Korallen; zu den achtstrahligen Korallen zählen Weichkorallen, Hornkorallen und Seefedern. Alle gehören der Klasse Blumentiere an, die ihren Namen wegen der vielen farbenprächtigen Arten, z. B. den Anemonen, erhielten. Sie sind mit Nesselkapseln ausgestattet, die aber für den Menschen kaum gefährlich werden können. Das liegt in erster Linie daran, daß die Nematocysten dieser Klasse kaum in der Lage sind, die Haut des Menschen zu durchschlagen. Berührt man ein Nesseltier oder eine Kolonie mit der Hand, gelangen die Giftinjektionen nur in die dicke Hornhaut, man spürt daher nichts von der nesselnden Wirkung. Der Schleim des Nesseltieres mit den teilweise aktiven Nesselkapseln befindet sich aber noch auf der Haut. Berührt man anschließend empfindliche Schleimhäute oder reibt sich die Augen, kommt es zu starkem Brennen. Nach dem Kontakt mit Nesseltieren sollte man sich deshalb gründlich reinigen.

Viel häufiger sind mechanische Verletzungen durch Steinkorallen, die oft sehr scharfkantig sind und Schnitt- oder Schürfwunden verursachen können. Besonders bei Brandung wird durch die Gischt die Sichtweite oft bis auf ein Minimum reduziert und eine große Welle kann einen Schnorchler weiter versetzen als er sehen kann. Gerät er dabei auf Korallen, kann es zu erheblichen Verletzungen kommen, und der Rückweg ins offene Wasser wird durch weitere Wellen sehr erschwert. In diesem

Steinkorallen stellen aufgrund ihrer festsitzenden Lebensweise keine Gefahr für den Menschen dar. Gefährlich kann lediglich unsere Unaufmerksamkeit werden, wenn man durch Wellen auf Steinkorallen geworfen wird.

Fall hilft ein Anzug wenig, man sollte deshalb bei Wellengang immer genügend Abstand zu Korallen halten. Die Wellen sind unterschiedlich groß, und

Auch Weichkorallen haben eine geringe Nesselwirkung. Das Nesselgift dient der Abwehr von Freßfeinden. Allergische Reaktionen kann man aber nicht ausschließen.

die größte Welle ist deshalb so gefährlich, weil sie meist unerwartet kommt. Eine ähnlich große Gefahr stellt auch die Bugwelle eines vorbeifahrenden Bootes dar. Bei wenig Wellengang nähern sich Schnorchler den Korallen, um besser beobachten zu können. Über den interessanten Dingen, die es in einem Korallenriff zu sehen gibt, vergessen sie leicht, was um sie herum vor sich geht. Ein Boot fährt vorbei und geraume Zeit später, wenn man nicht mehr daran denkt, kommt die Welle und wirft den Schnorchler auf eine Koralle, die bis nahe der Oberfläche gewachsen ist. Bei Ebbe ist besonders auf diese Gefahr zu achten. Korallenverletzungen sind oft schmerzhaft, da sich das Nesselgift in der Wunde befindet. Fast alle Wunden, die durch Nesseltiere verursacht werden, heilen sehr schlecht.

Alle Blumentiere leben sessil, entweder in Kolonien oder auch als Einzeltiere wie die Pilzkorallen der Gattung *Fungia*, die lose auf dem Grund liegen und eine Größe von etwa 40 cm erreichen.

Zylinderrosen stellen nur für Kleinlebewesen eine tödliche Falle dar. Werden sie von einem größeren Lebewesen berührt, ziehen sie ihre Tentakel blitzschnell ein.

Weichtiere

Die verschiedenen Klassen des Stammes der Weichtiere (Schnecken, Muscheln und Kopffüßer) unterscheiden sich in ihrer Lebensweise und Morphologie so sehr, daß man glauben möchte, sie seien nicht miteinander verwandt. Die meisten Vertreter sind völlig harmlos, aber einige verfügen über tödliche Giftwaffen. Zum Glück werden sie ausschließlich zur Verteidigung eingesetzt; wer die Tiere nicht fängt oder berührt, hat nichts zu befürchten. Menschen neigen dazu, sich kleineren Tieren gegenüber überlegen zu fühlen, doch mußten schon einige diese Arroganz mit dem Leben bezahlen. Alle gefährlichen Arten unter den Weichtieren sind nur wenige Zentimeter groß, und man tut gut daran, nichts zu berühren, was man nicht kennt.

Fadenschnecken

Verbreitung

Tropische bis kühle Meere.

Symptome

Hautreizung durch Nesselgift.

Erste Hilfe

Die betroffenen Stellen nicht berühren, nicht reiben oder kratzen! Vorsichtig mit 5 %igem Weinessig (Haushaltessig) abspülen; nie mit Süßwasser oder Alkohol.

Spezifische Therapie

Wie Hydrozoen, Seite 29.

Fadenschnecken sind durch Nesselkapseln geschützt, obwohl sie nicht zu den Nesseltieren gehören. Dieses scheinbare Paradoxon erklärt sich dadurch, daß sie mit ihrer Nahrung Nesselkapseln zu sich nehmen, die aktiv bleiben. Bis heute ist es der Wissenschaft nicht gelungen, herauszufinden, wie es den Tieren möglich ist, eine Nesselkapsel zu berühren, ohne eine Explosion auszulösen. Die Nesselkapseln werden auf dem Rücken der Tiere in den Körperanhängen (Cerata), die ihnen auch als Kiemen dienen, eingelagert. Fadenschnecken besitzen einen Mitteldarm mit vielen Verzweigungen, sogenannten Blindsäcken oder Nesselzellentaschen, die in den Rückenanhängen enden. Darin befinden sich die aktiven Nesselkapseln in besonderen Zellen (Kleptocniden).
Wird die Fadenschnecke nur geringfügig an den Anhängen verletzt, entladen sich die Nesselkapseln und »bombardieren« den Angreifer. Wenn die Tiere genügend Zellen eingelagert haben, werden die ältesten Nesselzellen durch Papillen ins Wasser ausgeschieden und durch neue ersetzt. Aufgrund dieser Wehrhaftigkeit können sich die zarten Geschöpfe am Tag in einem Riff frei bewegen, ohne gefressen zu werden. Sie ernähren sich überwiegend von Hydrozoenkolonien, über die sie kriechen. Auch bei diesem Kontakt schaden ihnen die Nesselkapseln offensichtlich nicht.
Die Gattungen *Glaucus* und *Glaucilla* schützen sich mit noch aggressiveren Nesselkapseln, denn sie ernähren sich von Staatsquallen, aber auch von

Schirmquallen. Diese nur wenige Zentimeter langen Fadenschnecken leben im offenen Meer und treiben mit dem Fuß nach oben an der Oberfläche. Den notwendigen Auftrieb erreichen sie durch Schlucken einer Luftblase. Alle Tiere, die im offenen Meer leben, müssen schnell, gut getarnt oder – wie in diesem Fall – sehr wehrhaft sein.
Als Hochseebewohner teilen diese Schnecken ihren Lebensraum mit den Staatsquallen, die ihnen als Nahrung dienen. Beim Fressen nehmen die Schnecken die hochwirksamen Nesselkapseln auf, die für ihre Verteidigung in diesem schutzlosen Lebensraum überlebenswichtig sind. Auch diese beiden Gattungen speichern die Nesselzellen in den langen Körperanhängen, die seitlich abstehen und den Tieren an der bewegten Wasseroberfläche die notwendige Stabilisierung geben.
Das Nesselgift verursacht nur an empfindlichen Hautpartien Rötungen und Schwellungen, sensible Personen spüren gelegentlich ein Brennen und in seltenen Fällen starke Schmerzen. Diese Verletzungen sind nicht gefährlich, da die Nesselzellen die Lederhaut des Menschen kaum durchdringen können. Bisher wurde noch keine ernsthafte Verletzung bekannt.
Auch andere Hinterkiemerschnecken wie **Sternschnecken** wissen sich ohne schützendes Haus gegen ihre Feinde zu wehren. Lange Zeit konnte bei diesen Tieren kein Gift nachgewiesen werden, und man nahm an, daß sie sich durch einen übel schmeckenden Hautschleim vor dem Gefressenwerden schützen. Sie besitzen kein eigenes Gift, sondern nehmen die Giftstoffe mit der Nahrung auf. Sternschnecken ernähren sich vorwiegend von Schwämmen, die sich

In den Rückenanhängen der Fadenschnecken werden mit der Nahrung aufgenommene Nesselkapseln gespeichert. Die Nesselkapseln entladen sich, wenn die Anhänge verletzt werden.

Kegelschnecken sind die einzigen Tiere, die Giftpfeile abschießen können. Das Gift mancher Arten kann auch für Menschen lebensgefährlich sein. Es ist deshalb nicht ratsam, Schnecken zu berühren, die man nicht kennt.

durch Gifte gegen Freßfeinde und Raumkonkurrenten schützen. Sie nehmen das Gift, vorwiegend Terpenoidfuran-Verbindungen, Sesterterpene und Diterpene, mit der Nahrung auf. Es wirkt auf Feinde fraßhemmend.

Kegelschnecken

Verbreitung

Indopazifik und Rotes Meer. Mittelmeer (1 Art).

Symptome

Stechender oder brennender Schmerz, Schwellung und sich ausweitendes Taubheitsgefühl; Muskel- und Atemlähmung sowie Herzversagen sind möglich.

Erste Hilfe

Kompressionsverband anlegen. Patient beruhigen, stabile Seitenlage. Notarzt verständigen. Bei fortgeschrittenen Atembeschwerden muß der Patient beatmet werden.

Spezifische Therapie

Symptomatisch unter Einschluß intensivmedizinischer Maßnahmen. Conotoxine blockieren die Transmitterfreisetzung und -wirkung an der Synapse und Muskelmembran. In der Folge kann es zu respiratorischem Versagen durch Atemlähmung kommen.

Wichtig! Kegelschnecken sind die einzigen Tiere, die in der Lage sind, Giftpfeile abzuschießen. Unfälle sind zwar relativ selten, doch die winzigen Giftpfeile sind gefährlich. Seit Beginn des 18. Jahrhunderts wurden 37 Fälle statistisch erfaßt, 10 davon verliefen tödlich; das Gift kann die Atemmuskulatur lähmen.

Die meisten im Meer lebenden Schnekken besitzen eine mit Zähnchen besetzte Raspelzunge – die Radula, mit der sie Algen und anderen Bewuchs vom Untergrund abschaben. Einige räuberische Arten erbeuten andere Schnecken, auch wenn diese ihr Gehäuse mit ihrem Operculum verschlossen haben. Sie bohren sich mit den scharfen Zähnen ihrer Radula durch das Gehäuse, töten die Schnecke und verzehren sie anschließend.

Die Radula der Kegelschnecken (Gattung *Conus*) hat sich im Laufe der Evolution gravierend verändert: Die Zähne stehen normalerweise bei Schnecken auf der Basalmembrane; diese hat sich bei Kegelschnecken jedoch zurückgebildet. Die Zähne sind also nicht mehr mit der Radula verbunden, sondern befinden sich in einem blasenartigen Organ, dem Radulasack. Sie haben sich zu Giftpfeilen umgebildet, die aus aufgerollten Chitinplättchen bestehen und mit Widerhaken versehen sind. Das Gift wird in einem schlauchartigen Giftkanal gebildet und in der Giftblase gespeichert, die sich am Ende des Kanals befindet. Die hohlen Pfeile werden einzeln im Ausführungsgang des Radulasackes bereitgestellt, der mit der Giftdrüse verbunden ist. Der Giftpfeil wird bei Bedarf in das rüsselartige Schlundrohr (Sipho) befördert und durch Kontraktion der Schlundmuskulatur unter hohem Druck wie eine Harpune abgefeuert.

Die Textil-Kegelschnecke *(Conus textile)* gehört zu den gefährlichsten Schneckenarten; tödliche Unfälle sind bekannt. Sie ist nachtaktiv und wird am Tag von Tauchern nur selten gesehen.

Potentielle Beutefische erkennen in der langsamen Schnecke keinen gefährlichen Gegner, so daß diese unauffällig in das Revier eines kleinen Fisches eindringen kann. Kommt der Fisch nahe genug, richtet sie den röhrenförmigen Schlundfortsatz auf die Beute und schießt den Giftpfeil ab. Wird der Fisch getroffen, sorgt das schnell wirkende Gift dafür, daß er nicht mehr weit kommt. Würde das Gift langsam wirken und sich der Fisch aus dem Sichtbereich der Schnecke entfernen, hätte sie nur eine geringe Chance, ihre Beute zu finden. Verfehlt der Schuß den Fisch, wird sofort nachgeladen.

Eine wichtige Voraussetzung für diese Jagdtechnik sind die relativ hoch entwickelten, gestielten Augen dieser Gattung.

Die lähmende Wirkung des Giftes verhindert auch, daß das getroffene Tier zappelt und andere, räuberische Fische anlockt, die der Schnecke die Beute wegschnappen würden. Mit ihrem sehr dehnbaren Schlundrohr nimmt die Schnecke den Fisch im Ganzen auf.

Nur ein kleiner Teil der etwa 300 Kegelschneckenarten macht Jagd auf

Fische. Es gibt 3 spezialisierte Gruppen, die sich entweder von Fischen, Würmern oder von anderen Schnecken ernähren. Die Toxingemische dieser 3 Gruppen unterscheiden sich beträchtlich. So schadet z. B. das Gift, das Würmer tötet, weder anderen Wirbellosen noch Wirbeltieren. Für den Menschen sind nur diejenigen Kegelschnecken gefährlich, die Fische erbeuten.

Das gemeinsame Merkmal der Gattung *Conus* ist das konisch gerollte Gehäuse und die auffallend kurze Steigung des Gewindes. Die meisten Arten haben unterschiedliche Muster, aber fast alle sind auffällig gezeichnet.

Besonders gefährliche Arten: *Conus geographus, C. magus, C. omaria, C. textile* und *C. tulipa*. Weniger gefährlich sind: *C. aulicus, C. catus, C. imperialis, C. litteratus, C. lividus, C. marmoraeus, C. obscurus, C. pulicarius, C. quercinus* und *C. sponsalis*. Einzige Art des Mittelmeeres ist *C. mediterraneus*.

Riesenmuscheln

Verbreitung

Tropischer und subtropischer Indopazifik und Rotes Meer.

Symptome

Quetschungen, Ertrinkungsgefahr.

Erste Hilfe

Eingeklemmte Person mit einem Trennschnitt durch die Schließmuskeln der Muschel befreien. Quetschungen kühlen, eventuell Desinfektion.

Spezifische Therapie

Adäquate Wundbehandlung.

Riesenmuscheln der Gattung *Tridacna* werden sehr groß (1,5 m) und erreichen ein Gewicht von über 200 kg. Man unterstellt ihnen gern eine gewisse Gefährlichkeit, die aber unbegründet ist. Diese Meinung kam auf, nachdem in einem Film gezeigt wurde, wie man einer ausgewachsenen Riesenmuschel ein Gipsbein mit Gewalt zwischen die kräftigen Schalen stieß. Die Muschel ließ den Fremdkörper längere Zeit nicht wieder los, und man folgerte daraus, daß auf diese Weise ein Mensch ertrinken könne, der versehentlich in die Muschel tritt. Alle Muscheln schließen ihre Schalen spontan, sobald sich etwas ihrem zarten Innenleben nähert. Dieser Schließreflex wird durch Lichtsinneszellen ausgelöst, die sich entlang der Mantellappen befinden. Wie schnell und wie weit die Muschel die Schalen schließt, hängt von der Größe des Objektes ab und davon, wie schnell es sich nähert. Beim Schließen der Schalen entsteht durch die Verkleinerung des Innenraumes ein Wasserstrahl, der durch die Ein- und Ausströmöffnung entweicht und damit verhindert, daß ein Fremdkörper in die Muschel gelangen kann. Das Wasser wird mit großem Druck ausgestoßen; um diesen Wasserdruck zu überwinden, müßte man Gewalt anwenden. Spürt ein Mensch eine solche Wasserbewegung, zuckt er automatisch zurück. Es ist sehr unwahrscheinlich, daß man versehentlich in eine Muschel gerät. Selbst bei einem Sprung in ein unbekanntes Gewässer – den man vermeiden sollte – wäre die Muschel schon geschlossen, bis man sich dem »gefährlichen« Bereich genähert hätte. Die Muschel beginnt bereits zu kontrahieren, wenn der geringste Schatten auf sie fällt. Der Versuch mit dem Gipsbein ist deshalb sehr unrealistisch, da niemand mit Gewalt seine Hand oder seinen Fuß in eine Riesenmuschel steckt, es sei denn die Habgier verleitet einen Menschen zu solchem Leichtsinn. Anfang der dreißiger Jahre soll es auf den Philippinen einen Unfall dieser Art gegeben haben: Einheimische tauchten nach Perlmuscheln und vermißten plötzlich einen der Taucher. Man fand ihn mit der Hand in einer 160 kg schweren Riesenmuschel eingeklemmt. Als man den Toten mitsamt der Muschel barg, fand man in dieser eine riesige Perle von bis dahin unbekannter Größe. Es läßt sich unschwer erraten, was geschehen war. Der Taucher hatte die Perle durch die Öffnung gesehen, konnte die Muschel aber nicht zur Oberfläche bringen. So griff er in eine der großen Öffnungen und versuchte dem Tier die Perle zu entreißen.

Riesenmuscheln verfügen über 2 Schließmuskeln, der die Muschelschalen mit enormer Kraft zusammenziehen und ohne großen Energieaufwand wochenlang geschlossen halten kann. Selbst mit einer Brechstange kann man die Schalen nicht öffnen. Jeder Schließmuskel besteht aus 2 unterschiedlichen Muskelgeweben. Das eine ist für das schnelle Schließen verantwortlich und verbraucht viel Energie. Der andere Muskelstrang reagiert langsam, verbraucht wenig Energie und kann lange Zeit kontrahiert bleiben.

Riesenmuscheln werden oft als Mördermuscheln bezeichnet, doch geht von ihnen keine Gefahr aus, es sei denn, man versucht mit Gewalt eine Hand oder einen Fuß zwischen die Schalen zu stecken.

Gerät ein Mensch in eine Riesenmuschel, müssen mit einem langen Messer die Schließmuskeln der Muschel durchtrennt werden. Ob dies allerdings gelingt, solange die Luft reicht, ist fraglich. Ein Taucher mit genügend Luftvorrat hat dabei eine wesentlich größere Chance als ein Apnoetaucher. In jedem Fall sollte man die Finger von derartigen Versuchen lassen.
Die 2 dickwandigen Schalen sind bei Riesenmuscheln symmetrisch und werden scharnierartig am unteren Schalenrand durch das Ligament verbunden. Die glatten Innenseiten der Schalen sind mit dem Mantel der Tiere ausgekleidet, der bei einer geöffneten Muschel über den oberen Rand der Schalen gestülpt wird. Außer den bereits erwähnten Lichtsinneszellen befinden sich im Mantellappen symbiontische Algen, wie bei vielen kalkabscheidenden Meerestieren. Im zentralen Teil des Tieres, dem Fuß, befinden sich das Herz, der Verdauungstrakt und die Gonaden. Die netzartigen Kiemen liegen zwischen Fuß und Mantel und filtrieren auch Plankton aus dem Wasser, von dem sich Riesenmuscheln ernähren.
Die Fortpflanzung der Muscheln erfolgt immer getrenntgeschlechtlich: Männliche und weibliche Keimzellen werden ins Wasser ausgestoßen, die Befruchtung ist dem Zufall überlassen. Aus den befruchteten Eiern schlüpfen pelagische Larven, die vor der Umwandlung zur Muschel ein Riff oder eine Sandfläche besiedeln.
In Asien werden Riesenmuscheln wegen ihres Schließmuskels, der als Delikatesse gilt, so häufig gesammelt, daß die Bestände stark bedroht sind.
Riesenmuscheln kommen vorwiegend an sonnigen Plätzen in nicht zu großen Tiefen vor und sind im Roten Meer und im tropischen und subtropischen Indopazifik weit verbreitet.

Kalmare

Verbreitung

Weltweit in allen Meeren.

Symptome

Keine Verletzung von Tauchern bekannt.

Erste Hilfe

Nicht nötig.

Spezifische Therapie

Nicht nötig.

Kalmare sind scheue Tiere, denen man sich im Meer kaum nähern kann. Die meisten Arten, denen man im Meer begegnet, werden bis 25 cm lang, selten 50 cm. Nur im Humboldstrom werden gelegentlich Exemplare von 3 m Länge gesichtet. Die größte Art, die gewaltige Ausmaße erreicht, lebt in der Tiefsee und wurde nur sehr selten an der Oberfläche gesehen. Die Erstbeschreibung dieser Art von dem dänischen Naturforscher Japetus Steenstrup basierte auf dem Fund eines Kadavers, der im Jahre 1854 vor Jütland gefunden wurde. Das einzige, was er von diesem Fund in die Hände bekam, war der papageischnabelartige Kiefer; er gab dem Tier den

Die meisten Kalmare, die im oberflächennahen Wasser leben sind nicht länger als 20 cm. Nur in der Tiefsee leben Arten, die über 15 m lang werden können

Gattungsnamen *Architeuthis*. Das Fabelwesen »Riesenkrake«, wie es fälschlich genannt wurde, schien Realität geworden! Man glaubte, daß nur Kraken so groß werden können, obwohl man schon wußte, daß dieses Tier 10 Arme besaß; Kraken haben nur 8.
Doch die Gruselgeschichten hörten deshalb noch lange nicht auf. Die letzte Version dieser unrealistischen Geschichten war in dem Film »Beast – Schrecken der Tiefe« zu sehen, der diese Tiere völlig falsch darstellt. Es ist zwar richtig, daß Tiefseekalmare sehr groß werden, aber sie leben, wie der Name schon sagt, in etwa 1000 m Tiefe. Teile von Tiefseekalmaren wurden auch in den Mägen von Pottwalen gefunden. Die Saugnapfabdrücke auf Pottwalen ließen Rückschlüsse auf die gewaltigen Kämpfe, die sich in der Tiefsee zwischen diesen beiden Riesen abspielten, zu. Anhand der Saugnapfgröße erstellte man Hochrechnungen und ermittelte eine Gesamtlänge von bis zu 50 m einschließlich der Fangarme. Da der Mensch bei allen gefährlichen oder großen Tieren zu Übertreibungen neigt, darf man auch diesen Berechnungen getrost mißtrauisch gegenüberstehen, denn bisher wurde noch kein Tier dieser Größenordnung gefunden.
Die erste Begegnung mit einem lebenden Tiefseekalmar hatten die Heringsfischer Squires und Piccot sowie Piccots zwölfjähriger Sohn Tom im Jahre 1873 in Neufundland. Sie sahen vor der Küste etwas, was sie für ein Wrack hielten, und ruderten in einem kleinen Boot hinaus. Es war aber ein Tiefseekalmar, der – aus welchen Gründen auch immer – an der Oberfläche trieb. Das

merkten die drei erst, als sie versuchten, sich mit dem Enterhaken an das vermeintliche Wrack heranzuziehen. Das angegriffene Tier umschlang das kleine Ruderboot mit seinen langen Fangarmen und biß mit seinem Schnabel in die Bordwand. Tom hackte beherzt dem Kalmar einen Fangarm ab, worauf dieser von dem Boot abließ und für immer verschwand. Der Arm maß fast 6 m, und die Wissenschaft hatte wieder ein Beweisstück mehr von dem sagenumwobenen »Monster«. Wahrscheinlich war das Tier sterbend zur Oberfläche getrieben und wurde durch den Enterhaken noch ein letztes Mal mobilisiert. Seitdem gab es immer wieder Funde dieser Riesen der Tiefsee, vorwiegend um Neufundland, die meisten zwischen 1871 und 1881. Es sollen 50 dieser Kalmare gefunden worden sein und das größte vermessene Exemplar wog etwa 1000 kg und maß über 18 m. Kalmare lassen sich aber nicht so genau vermessen wie Fische, da ihre langen Fangarme sehr dehnbar sind: Je mehr man daran zieht, um so länger werden sie. Tiefseetiere haben als Anpassung an die ewige Finsternis entweder zurückgebildete oder hochentwickelte Augen, die sehr groß sein können. Es ist nicht verwunderlich, daß Tiefseekalmare die größten Augen im ganzen Tierreich besitzen; sie sollen einen Durchmesser von 40 cm erreichen. Bei allen gestrandeten Exemplaren untersuchte man den Magen, um herauszufinden, wovon sich die Tiere ernähren, doch die Mägen waren stets leer; ein Zeichen dafür, daß die Tiere verendet und bereits tot zur Oberfläche getrieben waren. Erst seit es möglich ist in Tiefen bis 1200 m zu fischen, wurden neue Erkenntnisse gewonnen. Die ersten Tiefseekalmare, die gefangen wurden, warf man einfach wieder über Bord, da sie für den kommerziellen Fischfang unbrauchbar waren. Doch inzwischen arbeitet die Wissenschaft mit der Fischereiindustrie zusammen, und man konnte in relativ kurzer Zeit 4 Tiefseekalmare untersuchen. Nun weiß man, daß sie sich nur von Tiefseefischen ernähren. Die Fangarme dieser Art sind länger als der Körper und wesentlich schlanker, als man es bei ihrer Größe erwarten würde. Interessant ist auch, daß ihre Saugnäpfe nach innen gerichtete Zähne aufweisen, die eine wirkungsvolle Waffe darstellen. Das ist auch der Grund dafür, daß die Narben der Saugnäpfe auf Pottwalen so deutlich erkennbar sind.

Kraken

Verbreitung

Weltweit in allen Meeren.

Symptome

Bißverletzung mit kurzzeitigen Schmerzen (nur beim Blauring-Oktopus gefährlich, siehe Seite 57).

Erste Hilfe

Desinfektion.

Spezifische Therapie

Nicht nötig.

Kraken bewegen die Gemüter seit Menschengedenken, denn unsere Phantasie kennt keine Grenzen. Glaubt man den Schauermärchen, die sich um diese Tiere ranken, tun sie nichts lieber, als Menschen in ihre dunklen Grotten auf dem Grund des Meeres zu ziehen. Diese gefürchteten Tiere nahmen in den Köpfen der Menschen so gewaltige Ausmaße an, daß sie angeblich sogar Schiffe mit in die Tiefe rissen. Die meisten Geschichten beruhen, wenn es um die Größe dieser Tiere geht, auf einer Verwechslung mit den Tiefseekalmaren (siehe Seite 53), die man wegen ihrer gewaltigen Größe für Riesenkraken hielt. Es gibt sie wirklich, die Riesenkraken, aber sie sind nicht annähernd so groß wie man glaubte. Sie leben in den kalten Gewässern des Pazifischen Ozeans vor der Küste Kanadas, doch ihre Fangarme werden meistens nicht länger als 2 m. Nur sehr selten erreichen die Tiere eine Spannweite vom 10 m. Sie sind neugierig und nähern sich schon mal einem Taucher, doch sie weichen jedem direkten Kontakt aus. Legt man es darauf an und läßt sich von ihren Fangarmen umschlingen, kann man sich schon nach kurzer Zeit wieder befreien. Das liegt daran, daß diese Kopffüßer einen sehr hohen Sauerstoffbedarf haben und in Streßsituationen schnell ermüden. Man kann die Arme dann ohne großen Kraftaufwand abziehen.
Auch die schnabelartige Mundöffnung, die sich im Zentrum ihrer Arme befindet, ist für den Menschen keine wirkliche Gefahr. Ein Biß kann zwar schmerzhaft sein, die Symptome verschwinden aber meist nach kurzer Zeit wieder. Nur sehr selten wurden Gefühllosigkeit und Schwellungen bekannt. In 2 Speicheldrüsen der Kraken werden verschiedene Verdauungsenzyme und Gifte erzeugt, die beim Biß in die Wunde gelangen. Es handelt sich dabei um artspezifische Toxine, die bei Krabben sehr schnell eine vollständige Lähmung verursachen, während sie bei anderen Arten kaum eine Wirkung zeigen. Bisher wurde noch kein ernsthafter Unfall mit großen Kraken bekannt.
Das negative Bild dieser Tiere hat sich in den letzten Jahren durch interessante Erlebnisse mit Kraken drastisch verän-

Kraken wurden früher als menschenfressende Monster dargestellt; es sind aber sensible Geschöpfe. Die größte Art *(Octopus dofleini)* nähert sich Tauchern oft neugierig, greift aber nicht an.

dert. Die im Mittelmeer lebenden Krakenarten sind völlig harmlos; das größte Exemplar, das jemals vermessen wurde, hatte eine Spannweite von 3 m. Taucher, die das Versteck eines Kraken kannten, fanden bald heraus, daß man mit etwas Geduld, Gefühl und ein paar Happen das Vertrauen der Tiere gewinnen kann. Freiwillig verlassen sie ihre schützende Höhle oder Spalte und setzen sich auf den Arm eines »Freundes«, sobald sie ihm erst einmal vertrauen. Doch nicht mit jeder Art kann man solche Spielchen treiben, denn es gibt 2 Arten, die über ein sehr wirksames Gift verfügen (siehe Blauring-Oktopus).

Blauring-Oktopus

Verbreitung

Philippinen, Indonesien, Papua-Neuguinea, Salomonen und Australien. Vorwiegend im Flachwasser und in Gezeitentümpeln, selten bis 12 m Tiefe.

Symptome

Biß meist schmerzlos, die winzige Bißwunde blutet gewöhnlich. Lokale Rötung, nach kurzer Zeit Schwäche und ein prickelndes Gefühl im Gesicht. Übelkeit, Erbrechen, Lähmungserscheinungen, Atemlähmung.

Erste Hilfe

Kompressionsverband anlegen, bevor die ersten Symptome auftreten (siehe Seite 158), Patient beruhigen. Stabile Seitenlage, sofort Notarzt verständigen und bei fortschreitender Atemnot künstlich beatmen.

Spezifische Therapie

Antidot nicht bekannt. Symptomatische Therapie unter Einschluß von Intensivmaßnahmen. Respiratorische Insuffizienz tritt rasch auf. Mit plötzlichem Blutdruckabfall muß gerechnet werden. Auch bei schweren Vergiftungen ist eine vollständige Restitution zu erwarten.

Der Blauring-Oktopus *(Hapalochlaena maculosa)* erreicht ausgestreckt mit Mantel und Armen 12 cm; eine zweite Art maximal 20 cm. Wie alle Kopffüßer besitzen sie ein schnabelartiges Gebiß, mit dem sie beim Beutefang und bei Gefahr zubeißen und Gift injizieren. Das hochwirksame Gift Maculotoxin wird in 2 Drüsen gebildet und in die Mundhöhle geleitet. Dieses Gift ist mit dem Tetrodotoxin der Kugelfische fast identisch, wirkt aber noch schneller, weil es beim Biß mit dem Speichel direkt in den Kreislauf gelangt.
Wie die meisten »schwer bewaffneten« Tiere greifen sie nicht von sich aus an, sondern beißen nur, wenn sie provoziert

Der Blauring-Oktopus wird nur wenige Zentimeter groß, verfügt aber über ein schnell wirkendes Gift, das beim Biß in die Wunde gelangt. Von Australien sind viele Todesfälle bekannt.

werden. Bei Erregung zeigen die Tiere Warnfarben; es werden leuchtend blaue Ringe sichtbar. Normalerweise passen sie sich in Farbe und Form perfekt dem Untergrund an, ob auf einer Koralle, auf Seegras oder Sandgrund; sie werden deshalb von Tauchern nur selten gesehen. Dabei sind die blauen Ringe nur undeutlich zu erkennen. Sie sind so perfekt getarnt, daß man sie selbst aus kürzester Entfernung kaum wahrnehmen kann. Nähert man sich ihnen langsam, bleiben sie unbeweglich sitzen, selbst wenn man sie berührt. Nur bei sehr schnellen Bewegungen fliehen sie und stoßen eine kleine Tintenwolke aus. Im Gegensatz zu anderen Oktopus-Arten schwimmen sie mit den Armen voran.

Wichtig! Blauring-Oktopusse leben vorwiegend im küstennahen Flachwasser, selten bis in eine Tiefe von 12 m. Alle bisher bekannten Unfälle ereigneten sich an den Küsten Australiens, obwohl diese Tiere auch auf den Philippinen, den Salomonen und in Neuguinea vorkommen. Von 11 bekannten Unfällen im Zeitraum von 1950 bis 1995 verliefen 2 Bisse tödlich. Wenn man einen Blauring-Oktopus nicht fängt und nicht auf ihn tritt, kann es zu keiner Verletzung kommen.

Der Biß ist schmerzlos, selten wird er als brennend oder prickeln geschildert. Die Symptome setzen schon nach wenigen Minuten ein: Der Gebissene fühlt sich schwach und spürt ein Prickeln im Gesicht, besonders um die Mundpartie, in den Gliedmaßen und im Genick. Diese Erstsymptome werden von Gefühllosigkeit abgelöst, Übelkeit, Erbrechen, gefolgt von rasch fortschreitenden Lähmungserscheinungen mit Schluck- und Sprechbeschwerden sowie Störungen der Motorik: Augenlider und Pupillen können nicht mehr bewegt werden. Der Verunglückte wirkt apathisch; er ist in den meisten Fällen bei vollem Bewußtsein, kann sich aber weder mimisch noch akustisch verständlich machen! Die Lähmung dehnt sich schon in einem sehr frühen Stadium auf das Atemzentrum aus. Sobald Atemnot einsetzt, muß der Patient künstlich beatmet werden. Die Herzfunktion wird selten beeinträchtigt, da das Gift keinen direkten Einfluß auf die Herztätigkeit hat. Der Puls muß ständig überwacht werden, da es zu Kreislaufversagen durch starken Blutdruckabfall kommen kann. Die Wunde darf nicht aufgeschnitten werden, die Ausbreitung des Giftes im Körper wird durch einen Kompressionsverband minimiert. Diese Behandlung sollte so schnell wie möglich erfolgen, wenn noch keine Symptome erkennbar sind.
Es gibt 2 Arten, die anhand äußerer Merkmale kaum zu unterscheiden sind, lediglich die Größe der Ringe und die Verbreitung erlauben eine Identifikation: *Hapalochlaena maculosa*, bis 12 cm (inklusive der Fangarme), Durchmesser der Ringe bis 3 mm, südliches Australien und Tasmanien. *H. lunulata*, bis 20 cm, Ringe bis 10 mm, Philippinen bis Australien.

Borstenwürmer

Verbreitung

Weltweit in tropischen bis kalten Meeren.

Symptome

Die Borsten verursachen einen brennenden Schmerz. Bisse schmerzen wie der Stich einer Biene.

Erste Hilfe

Abgebrochene Borsten mit Klebeband entfernen. Desinfizieren.

Spezifische Therapie

Lokalanästhetikum wie Lidocainsalbe.

Borstenwürmer besitzen einen langgestreckten, segmentierten Körper, der weniger als 10 bis über 1000 Segmente haben kann. Jedes Segment ist mit Ruderfüßen oder einem seitlich angeordneten Paar kurzer Stummelfüße und abstehenden Borstenbüscheln (Parapodien) ausgestattet. Die Borsten sind hart und spitz und dringen leicht in die Haut des Menschen ein, was sehr schmerzhaft sein kann. Oft haben sie Widerhaken und brechen in der Haut ab. Welche Substanzen die Schmerzen erzeugen, ist unbekannt. Die hohlen Borsten sind nicht, wie man vermuten könnte, mit einem giftigen Sekret gefüllt; Verletzungen sind also nicht gefährlich, sondern nur unangenehm. Die Haut rötet sich und schwillt leicht an; es bilden sich auch kleine Bläschen. Das Entfernen der Borsten ist schwierig und nur durch aufgesetztes Klebeband zumindest teilweise möglich. Desinfizieren mit Alkohol (40–70 %) kann eine Sekundärinfektion verhindern.
Die Vertreter der Gattung *Glycera* können schmerzhafte Bisse zufügen, die kleinere Angreifer lähmen können. Sie besitzen 4 Greifzangen, die von Giftdrüsen versorgt werden und sich auf einem rüsselartigen Anhang (Proboscis) befinden, den sie bei Bedrohung blitzschnell ausstülpen. Das Gift wird durch die Greifzangen, ähnlich wie bei Zähnen von Giftschlangen, injiziert. Die Bisse dienen gewöhnlich der Verteidi-

Borstenwürmer besitzen dünne Stacheln, die leicht in die Haut eindringen und abbrechen. Das Gift verursacht brennende Schmerzen und die Wunden heilen oft schlecht.

gung und sind für den Menschen meist ohne ernste Folgen; es werden nur Personen verletzt, die diese Würmer anfassen. Besonders der Kontakt mit tropischen Arten sollte vermieden werden.
Im Westatlantik ist der häufig vorkommende Feuerwurm *(Hermodice carunculata)* beheimatet, dessen Biß heftige Schmerzen verursacht; es kommt öfter zu Verletzungen durch Unachtsamkeit. Wegen seiner wirksamen Verteidigungswaffen kann der Feuerwurm es sich leisten, auch am Tag aktiv zu sein; fast alle anderen Arten sind nachtaktiv.
Die meisten Borstenwürmer werden nur 5–10 cm lang, lediglich eine Art *(Eunice gigantea)* erreicht eine Länge von über 3 m; die zweitgrößte Art wird über einen Meter lang! Borstenwürmer kommen in allen marinen Lebensräumen vor, wenige auch im Süßwasser. Manche Arten leben freischwebend im offenen Meer; diese sind wie die meisten Planktontiere transparent. Je nach Art ernähren sie sich räuberisch, vegetarisch oder als Aasfresser.
Der bekannteste Borstenwurm ist der Palolowurm *(Eunice viridis)* aus dem Pazifischen Ozean, der als einzige Art für die menschliche Ernährung von Bedeutung ist. Palolowürmer leben versteckt in Höhlen und Spalten und schnüren in Abständen von 353 oder 382 Tagen (12 oder 13 Monate) alle gleichzeitig ihren Hinterleib ab, der dann nachts zu bestimmten Mondphasen in Massen zur Oberfläche treibt. Der Vorderkörper regeneriert den Hinterleib bis zur nächsten Fortpflanzungsperiode. Dieser genaue Zeitplan wird nicht nur von den Mondphasen, sondern von verschiedenen Faktoren ausgelöst und sichert die Vermehrung und Verbreitung der Art. In dem Hinterleib der Tiere befinden sich die Gonaden, die an der Oberfläche die Keimzellen ins Wasser abgeben. Durch die vielen schwärmenden »Gonadenträger« ist die Wahrscheinlichkeit der Befruchtung der Eier viel höher als auf dem Meeresgrund. Die in Massen auftretenden Hinterkörper sind für die Südseeinsulaner eine Delikatesse, die leicht vor Sonnenaufgang abzufischen ist; sie werden auf verschiedene Weise zubereitet oder roh gegessen und sollen sehr schmackhaft sein. Sie kommen besonders um Samoa und die Fiji-Inseln häufig vor; die Palolozeit ist Anlaß zu großen Festen.
Zur Klasse der Vielborster (Polychaeta) gehören auch die bunten Röhrenwürmer, die keine Abwehrwaffen besitzen. Sie entziehen sich ihren Feinden durch blitzartige Flucht, was man einem Wurm normalerweise nicht zutrauen würde.

Rankenfüßer

Verbreitung

Alle Meere, überwiegend im Gezeitenbereich von Felsenküsten und an Schiffen, Bootsstegen, Seezeichen und Treibgut.

Symptome

Schnittverletzungen.

Erste Hilfe

Desinfektion.

Spezifische Therapie

Adäquate Wundbehandlung.

Wichtig! Rankenfüßer findet man häufig in großer Dichte an Booten, Treibgut und anderen von Menschenhand erbauten Gegenständen wie Seezeichen, Buhnen und Bootsstegen, die vorwiegend im Gezeitenbereich besiedelt werden. Nähert man sich schwimmend bei Wellengang solchen Stellen, kann man sich leicht viele Schnittwunden zuziehen. Besonders gefährlich ist, wenn man von einer Welle an der Küste umgerissen wird oder sich an von Rankenfüßern besiedelten Stellen versucht festzuhalten

Rankenfüßer sind Krebstiere. Zu ihnen gehören Entenmuscheln und Seepocken, die aber kaum eine Ähnlichkeit mit Krebsen aufweisen. Sie haben ihre vagile Lebensweise gegen eine sessile, also festsitzende, eingetauscht. Das war nur möglich, weil sie sich mit Hilfe des im Wasser gelösten Kalziumkarbonats eine feste Körperpanzerung aus Kalk zugelegt haben. Dieses Gehäuse hat eine rauhe Oberfläche und sehr scharfe Kanten, die häufig Schnittverletzungen verursachen. Rankenfüßer siedeln überwiegend auf festem Substrat im Gezeitenbereich, leben aber auch auf Schildkröten, Walen, Seekühen und Krabben. Beim Baden im Meer sollte man sich vor dem Einstieg vergewissern, an welchen Stellen man das Wasser sicher verlassen kann. Badeschuhe nützen wenig, wenn man aus dem Gleichgewicht gerät und stürzt. Abgesehen von den mechanischen Verletzungen geht von den Tieren keine Gefahr aus.

Bei spiegelglatter See kann man diese interessanten Tiere aus nächster Nähe betrachten. Sobald sie bei eintretender Flut wieder vom Wasser überflutet wer-

Entenmuscheln sind keine Muscheln, sondern Krebse, die durch scharfkantige Schalen geschützt sind. Sie besiedeln vorwiegend Boote und andere harte Substrate, die sich im Meer befinden.

Seepocken sind ebenfalls Krebse, die in der Gezeitenzone auf hartem Substrat leben. Sie sind besonders bei Brandung wegen ihrer scharfkantigen Gehäuse gefürchtet.

den, öffnen sie ihre Schalen und schlagen mit ihren stark gegliederten Beinen rhythmisch aus ihrem Gehäuse. Dabei filtrieren sie mit ihren Fiederhaaren Plankton aus dem Wasser, das der Mundöffnung zugeführt wird. Bei Entenmuscheln kann man das besonders gut erkennen; diese sind weniger an der Küste, sondern eher an Booten und Treibgut zu finden.
Wie kommt es nun, daß diese Gliederfüßer ihre Beine nicht mehr zum Laufen, sondern zum Beutefang einsetzen? Die Larven entwickeln sich im offenen Meer, bis sie sich z. B. zu einer Seepocke umwandeln. Dazu heften sie sich auf einem festen Untergrund an und bauen um sich herum ihr festes Kalkgehäuse – die Mauerkrone –, indem sie dem Wasser Kalziumkarbonat entziehen. Sie liegen in dem Gehäuse praktisch auf dem Rücken, so daß sich nun ihre Beine bei der Öffnung befinden. Beim Schlagen außerhalb des Hauses bleibt das Plankton an den Härchen der Rankenfüße hängen.
Erstaunlich ist auch die Siedlungsdichte kleiner Seepocken-Arten: Auf einem Quadratmeter wurden schon 250 000 Tiere gezählt. Die größten Arten erreichen einen Durchmesser von 11 cm und werden ebenso hoch. Seepocken siedeln in unterschiedlichen Tiefen, manche so hoch über dem mittleren Wasserstand, daß sie nur alle 14 Tage mit frischem Wasser versorgt werden. Das bedeutet, daß sie in der Lage sein müssen, Sauerstoff aus der Luft aufzunehmen.

Krebse

Verbreitung

Alle Gewässer.

Symptome

Schnittwunden, Quetschungen und Prellungen.

Erste Hilfe

Desinfektion, Wundbehandlung. Kühlung verschafft Schmerzlinderung.

Spezifische Therapie

Adäquate Wundbehandlung.

Von allen Krebsarten können nur die scherentragenden bei unsachgemäßer Handhabung mechanische Verletzungen wie Quetschungen, Prellungen oder Blutergüsse, aber auch offene Wunden verursachen. Einige Familien

wie Bärenkrebse und Langusten haben keine großen Scheren und sind nur durch Stacheln geschützt. Hummer, Krabben und einige andere tragen große Scheren und haben entsprechend viel Kraft. Die meisten Einsiedlerkrebse sind klein und können dem Menschen nicht gefährlich werden; die größte Art, der Palmdieb, erreicht 32 cm und kann faustgroße Scheren haben. In der Nähe dieser Verteidigungswaffen ist Vorsicht geboten, denn unsere Haut hat diesen Kräften nicht viel entgegenzusetzen. Krebse kneifen ihre Feinde nicht nur, sondern halten sich gelegentlich auch an dem Störenfried fest und lassen sich sogar aus dem Wasser heben.
Sehr schmerzhafte Schläge teilt eine Krebsart aus, der man es nicht zutraut. Fangschreckenkrebse können mit ihren Scheren so hart zuschlagen, daß sie mühelos Schnecken- und Muschelgehäuse zertrümmern. Andere Tiere, die nicht mit harten Schalen ausgestattet sind, werden von den Fangschreckenkrebsen regelrecht aufgespießt.
Werden scherenbewehrte Krebse in die Enge getrieben, recken sie dem Angreifer die geöffneten Scheren entgegen und zögern nicht, von diesen Verteigungswaffen Gebrauch zu machen. Krebse mit großen Scheren haben die Kraft, Schnecken- und Muschelgehäuse zu zerbrechen, und knacken mühelos den Chitinpanzer anderer Krebsarten. Ungeschützte Opfer werden mit den Scheren gepackt und buchstäblich auseinandergerissen. Wenn man sich vor Augen hält, daß schon ein kleiner Einsiedlerkrebs von wenigen Zentimetern Länge eine gleich große Schnecke mit einer Schere am Operculum aus dem Gehäuse zieht und mit der anderen den Körper mit wenigen Schritten durchtrennt, wird vorstellbar, wieviel Kraft erst ein großer Krebs entwickelt. Im unglücklichsten Fall kann es passieren, daß einem Menschen ein Finger abgetrennt wird, wenn eine große Schere genau am Gelenk zwischen die Fingerknochen gerät. Taucher, die diese unaggressiven Tiere nur in ihrer natürlichen Umgebung beobachten und sie nicht berühren, haben nichts zu befürchten. Alle mechanischen Verletzungen sind vergleichsweise harmlos gegenüber der passiven Gefahr einer Vergiftung (siehe »Eßbare Krebse«, Seite 144).

Viele große Krebsarten wie hier die Schwammkrabbe *(Dromia dormia)* besitzen kräftige Scheren, die schmerzhafte Quetschwunden verursachen können.

Stachelhäuter

Im Stamm der Stachelhäuter sind sehr unterschiedliche Gruppen zusammengefaßt: Haarsterne, Seesterne, Schlangensterne, Seeigel und Seegurken. Sie unterscheiden sich nicht nur äußerlich, sondern haben auch sehr verschiedene Lebensweisen. Ihre Verwandtschaft wird in einigen Gemeinsamkeiten deutlich: Alle zeigen eine fünfstrahlige Radiärsymmetrie, die im Tierreich einmalig ist. Ebenso einmalig ist die Fortbewegung durch das Ambulakralsystem, das nach dem Prinzip der Hydraulik arbeitet. Und schließlich sind sie durch in der Epidermis eingelagerte Skelettplatten geschützt, die sich zu einem geschlossenen Panzer zusammenfügen (Seeigel) oder nur als mikroskopisch kleine Skeletteile eingelagert sind (Seegurken).

Am deutlichsten ist die fünfstrahlige Radiärsymmetrie an dem Ambulakralsystem zu erkennen: Es ist ein mit Flüssigkeit gefülltes Röhrensystem im Körper der Tiere, das an der Basis einen Ringkanal bildet, von dem 5 Radiärkanäle abzweigen. Von diesen zweigen wiederum viele paarige Seitenkanäle ab, die in den Ambulakralfüßchen enden. Die Ambulakralfüßchen kann man an Seeigeln und an der Unterseite von Seesternen gut erkennen. Diese schlauchartigen Gebilde haben am Ende eine Verdickung mit einer Saugscheibe, mit der sie sich festhalten. Im Körper befindet sich bei jedem Ambulakralfüßchen eine blasenartige Ampulle, die den Flüssigkeitsdruck im Ambulakralfüßchen verändert und es dadurch streckt oder kontrahiert. Auf diese Weise bewegen sich viele Stachelhäuter vorwärts. Sie können mit den Füßchen aber auch etwas festhalten, das sie als Nahrung, zum Schutz oder zur Tarnung benötigen.

Fast alle Stachelhäuter produzieren Giftstoffe, die ausschließlich der Feindabwehr dienen.

Dornenkronen-Seesterne

Verbreitung

Rotes Meer und Indopazifik.

Symptome

Schmerzhafte Stichverletzungen.

Erste Hilfe

Entfernung von Stacheln mit Pinzette oder Kanüle, Desinfektion.

Spezifische Therapie

Adäquate Wundbehandlung.

Wichtig! Dornenkronen niemals ungeschützt berühren, die Stacheln sind giftig. Sobald man einen dieser Seesterne entdeckt, mit größtmöglicher Umsicht tauchen, denn Dornenkronen treten nur selten einzeln auf. Sie kommen gewöhnlich nicht auf Sandflächen in der Flachwasserzone vor, so daß Badende weniger gefährdet sind; aber Ausnahmen kann man nicht völlig ausschließen.

Dornenkronen-Seesterne sind in Taucherkreisen nicht nur wegen ihrer Giftstacheln bekannt, sie haben auch aus einem anderen Grund traurige Berühmtheit erlangt. Sie vermehren sich in unregelmäßigen Abständen explosionsartig und schädigen große Riffgebiete nachhaltig. Ein Grund für die schnelle Vermehrung liegt sicher darin, daß dieser Seestern wenig natürliche Feinde hat. Man nimmt aber auch an, daß die zunehmende Umweltverschmutzung einen gewissen Einfluß hat.

Der Dornenkronen-Seestern klettert auf lebende Korallen und stülpt seinen Magen über die Polypen. Sie werden durch das Verdauungssekret getötet, vorverdaut und anschließend aus ihren Kelchen gesogen. Nur die weißen Kalkskelette der Steinkorallen bleiben übrig und veralgen nach kurzer Zeit. Die Erosion besorgt den Rest, und das Riff ist für geraume Zeit tot.

Auch andere Tiere ernähren sich von Korallen, z. B. die bunten Falterfische, die aus einem Korallenriff nicht wegzudenken sind. Sie zupfen mit ihren langen Schnauzen die Polypen ganz oder teilweise aus ihren Kelchen. Papageifische zerbeißen Steinkorallen, verdauen die Polypen und scheiden die unverdaulichen Substanzen als Korallensand aus. Aber kein Tier schädigt ein Korallenriff so nachhaltig, wie der Dornenkronen-Seestern.

In den letzten Jahren kam es im Großen Barriere-Riff in Australien schon zweimal zu besorgniserregender Vermehrung der Dornenkrone, und man befürchtete schon eine Katastrophe. Daraufhin wurden verschiedene Aktionen zur Rettung dieses riesigen Riffes eingeleitet. Bei einer Methode töteten Taucher die Tiere mit Giftinjektionen; ein sehr umstrittenes Vorgehen, da das Gift nach dem Zersetzen der Kadaver im Wasser bleibt und auch andere Organismen schädigt.

Dornenkronen-Seesterne *(Acanthaster planci)* sind mit ihren Giftstacheln sehr wehrhaft. Sie stülpen ihren Magen über Korallenpolypen und saugen sie aus ihren Kelchen; zurück bleibt das weiße Skelett.

Ein schonenderer Weg ist das Einsammeln der Tiere, was aber oft falsch gemacht wird: Wenn Dornenkronen durch das Aufspießen verletzt werden, geben sie ihre Geschlechtsprodukte ins Wasser ab und vermehren sich noch vor ihrem Tod. Diese Methode wurde nicht nur in Australien angewandt, sondern auch in anderen Gebieten mit vermehrtem Aufkommen von Dornenkronen wie den Malediven und Thailand. Dabei kommt es häufig zu Verletzungen, die sehr unangenehm sind. Schon viele Taucher haben sich an den langen Giftstacheln verletzt. Der Stich ist nicht nur äußerst schmerzhaft, die Wunden heilen auch sehr schlecht. Die Stacheln sind mit einem Epithel überzogen, das mit Drüsen durchsetzt ist. Die Drüsen produzieren einen Giftstoff, der noch unbekannt ist; man nimmt an, daß es sich um ein Proteingift handelt.
Eine wesentlich bessere Methode, die aber aufwendiger ist, ist das Einsammeln der Tiere mit einem einfachen Stock, der nach dem Lösen der Dornenkrone von der Koralle an die Unterseite gehalten wird. Der Seestern klammert sich dann mit seinen Ambulakralfüßchen an dem Stock fest und kann aus dem Wasser gehoben werden, ohne daß er seine Geschlechtszellen ins Wasser abgibt. Außerdem wird die Verletzungsgefahr der Helfer verringert.
Der Dornenkronen-Seestern ist noch durch ein weiteres Gift geschützt, das sich in seinem Körper befindet. Diese sogenannten Saponine schrecken nicht nur Freßfeinde ab, sondern wirken auf Fische tödlich, wenn sie mit der Nahrung aufgenommen werden. Sie befinden sich auch in den Eiern und Larven der Dornenkrone, so daß nur wenige spezialisierte Tierarten dieses Zooplankton fressen können. Die meisten Fischarten erkennen dieses Plankton am Geschmack und spucken es wieder aus. Selbst Korallenpolypen weichen den Eiern und Larven aus.
Der natürliche Feind der Dornenkrone ist das Tritonshorn, eine große Meeresschnecke, die vom Menschen dezimiert wurde, weil Sammler die Gehäuse zu Hause in eine Vitrine stellen möchten. Mit dem Töten der Dornenkrone versucht man nun das Töten des Tritonshorns zu kompensieren. Ob dies sinnvoll ist, bleibt dahingestellt.
Nur wenige Arten wie der Geweihkorallen-Sergeant *(Amblyglyphidodon curacao)* können das Gift der Dornenkrone schadlos aufnehmen, ebenso das Tritonshorn. Wie die Tiere damit fertig werden, ist noch nicht bekannt.

Die Stacheln des Dornenkronen-Seesterns sind mit einer Haut überzogen, die einen giftigen Schleim absondert; Verletzungen sind schmerzhaft und heilen sehr langsam.

Die Dornenkrone gehört zu den größten Arten in der Klasse der Seesterne und erreicht einen Durchmesser von 50 cm. Der Körper und die Arme sind auf der Oberseite und seitlich mit langen Stacheln geschützt. Dornenkronen haben 11–17 Arme, selten mehr oder weniger, und eine relativ große Körperscheibe. Es gibt unauffällig gefärbte Formen, andere sind zweifarbig, intensiv rot oder blau.

Diadem-Seeigel sind wegen ihrer langen spitzen Stacheln gefürchtet, die sehr spröde sind und in der Wunde abbrechen. Verletzungen sind zwar schmerzhaft, aber meist ungefährlich.

Seeigel

Verbreitung

Tropische bis kühle Meere.

Symptome

Meist blaugraue Punkte in der Haut. Hautrötung, Schmerzhaftigkeit, leichte Schwellung (siehe auch Text).

Erste Hilfe

Entfernung dickerer Stacheln mit Pinzette oder Kanüle, Desinfektion.

Spezifische Therapie

Adäquate Wundbehandlung. Radiologische Abklärung bei Verdacht auf Eindringen in ein Gelenk. Gegebenenfalls chirurgische Entfernung.

Verletzungen durch Seeigelstacheln kommen besonders an Felsenküsten relativ häufig vor. Obwohl Seeigel vorwiegend nachtaktiv sind und sich bei Anbruch des Tages in schützende Verstecke zurückziehen, kann man in manchen Gebieten wie z. B. im Mittelmeer bestimmte Arten auch am Tag sehen. In tropischen Meeren gibt es an manchen Stellen mehr Seeigel als Versteckmöglichkeiten. Sie rotten sich deshalb auf offenen Flächen zu Schutzgemeinschaften zusammen und haben dadurch eine bessere Überlebenschance, als wenn sie sich einzeln auf offenem Grund aufhalten würden.

Da Seeigel langsam sind und vor Menschen nicht fliehen können, tun wir gut daran, uns zu vergewissern, wohin wir treten, besonders beim Verlassen eines Bootes im Flachwasser. Taucher und Schnorchler sind durch das Tragen einer Tauchbrille weniger gefährdet als Schwimmer ohne Schwimmbrille. Bei Nachttauchgängen sollte man jeden Bodenkontakt vermeiden.

Die mechanischen Stichverletzungen sind sehr unangenehm, da die spröden Stacheln mit Widerhaken versehen sind und in der Wunde abbrechen können.

Außerdem befindet sich in den hohlen Stacheln eine blaue Substanz, die in die Wunde gelangt und blaugraue Punkte in der Haut hinterläßt; ein Gift konnte nicht nachgewiesen werden. Die Bruchstücke dünner Stacheln wie die der Diadem-Seeigel werden durch Bindegewebe schnell eingekapselt oder lösen sich rückstandslos auf. Die Schmerzen sind aus unbekannten Gründen etwas stärker als bei einer rein mechanischen Verletzung.
Wenige Seeigelarten verfügen auch über Giftdepots. Beim Lederseeigel befinden sie sich an den Spitzen der Stacheln. Die Haut dieses Giftsackes überzieht die Spitze des Stachels und wird durch Druck durchstochen, so daß das Gift in die Wunde gelangt. Es verursacht brennende Schmerzen, die nach 20–30 Minuten nachlassen. Der Wirkstoff konnte bisher nicht nachgewiesen werden, da er offensichtlich sehr instabil ist.
Bei einigen Arten der Gattungen *Toxopnestes* und *Tripneustes* befindet sich das Gift in Pedicellarien, kleinen Greiforganen, die in großer Zahl zwischen den Stacheln sitzen. Der »Kopf« der Pedicellarien besteht aus 3 winzigen Greifzangen, die beim Schließen das Gift in die Wunde pressen. Dieses Proteingift kann beim Menschen sehr starke Schmerzen verursachen, die aber schon nach etwa 15 Minuten nachlassen und nach einer Stunde fast völlig verschwunden sind. Selten werden Lähmungserscheinungen der Gesichtsmuskulatur, Zunge und Extremitäten beobachtet, die nach ein paar Stunden wieder abklingen.

Der Giftzangen-Seeigel *(Toxopneustes pileolus)* besitzt zwischen den Stacheln Pedicellarien, die harmlos aussehen, aber mit 3 Giftzangen ausgestattet sind.

Es kursieren viele, zum Teil sehr »rustikale« Behandlungsmethoden, die aber kaum wirkungsvoll sind. Besonders von der Behandlung mit heißem Wasser ist abzuraten. Wichtig ist die Desinfektion der betroffenen Stelle, damit eine Sekundärinfektion vermieden wird. Das Herausziehen dünner Stacheln erweist sich als sehr mühsam und schmerzhaft, da man sie nur selten mit einer Splitterpinzette ergreifen kann. Die vielen Hausmittel, die angeblich dagegen helfen sollen, haben etwa die gleiche Wirkung, als wenn man gar nichts tun würde. Dickere Stacheln, besonders an der Fußsohle, sollten mit einer sterilen Pinzette oder einer Kanüle entfernt werden.

Wenn ein Seeigelstachel in eine Gelenkkapsel eindringt, kann es zu nachhaltigen Beschwerden kommen. In diesem Fall ist es dringend notwendig, einen Arzt aufzusuchen (Gefahr einer Gelenkversteifung), und es muß eine

Die Giftblasen des Leder-Seeigels *(Asthenosoma varium)* sehen aus wie aufgespießte Beeren (vgl. Foto S. 20). Giftstiche verursachen sofort starke Schmerzen, die lange anhalten können.

Auch der Pfaffenhut-Seeigel *(Tripneustes gratilla)* ist mit vielen Giftzangen an den Pedicellarien ausgerüstet. Er tarnt sich oft mit Muschel- oder Korallenstücken.

chirurgische Entfernung erfolgen. Seeigelstacheln lassen sich aufgrund ihrer Kalkstruktur radiologisch gut nachweisen.

Seeigel sind mit vielen Lichtsinneszellen ausgestattet, mit denen sie die Annäherung von Feinden wahrnehmen können. Sobald ein Schatten von oben auf sie fällt, beginnen sie, ihre Stacheln hin und her zu bewegen und verhindern dadurch, daß ein potentieller Angreifer ihrer schwachen Körperpanzerung zu nahe kommt. Nähert man sich einem Seeigel von der Seite, flieht er, so schnell es ihm seine kleinen Ambulakralfüßchen erlauben, in die entgegengesetzte Richtung.

Viele Menschen neigen dazu, Tiere zu hassen, an denen sie sich verletzen können. Wir sollten jedoch nicht übersehen, daß wir freiwillig das Risiko eingehen, einen Lebensraum zu betreten, für den wir nicht geschaffen sind.

Seegurken

Verbreitung

Tropische bis kühle Meere.

Symptome

Reizung der Schleimhäute oder offener Wunden bei Kontakt.
Vergiftungserscheinungen nach dem Verzehr von »Trepang«.

Erste Hilfe

Abgerissene Teile und Schleim der Cuvierschen Schläuche entfernen und gründlich reinigen, damit das Gift nicht auf empfindliche Schleimhäute übertragen werden kann.

Spezifische Therapie

Gegebenenfalls Augen spülen.

Seegurken sind träge Bodenbewohner, die sich nur langsam bewegen können.

Manche Seegurkenarten haben ein ungewöhnliches Organ, die Cuvierchen Schläuche, die zur Feindabwehr herausgeschleudert werden. Diese besitzen eine große Haftfähigkeit und sind giftig.

Sie sind nicht sehr wehrhaft und nur durch ein Gift – das Holothurin – geschützt, das in den Cuvierschen Schläuchen aller Vertreter der Ordnung Aspidochirota am stärksten konzentriert ist. Dies ist ein Organ, das sich im Körperhohlraum befindet. Bei Bedrohung wird es als Abwehrwaffe eingesetzt und durch die Kloake herausgeschleudert. Es sind dünne, meist unverzweigte Schläuche mit einer klebrigen Oberfläche, die eine große Haftfähigkeit besitzen. Die Schläuche können auf die 20- bis 30-fache Länge gestreckt werden. Angreifende Tiere wie Fische oder Krebse, die damit in Berührung kommen, verwickeln sich in den Schläuchen und unterlassen nach dieser unangenehmen Erfahrung künftig Angriffe auf diese Seegurkenart. Auch Taucher haben große Mühe, die Cuvierschen Schläuche von den Händen oder dem Tauchanzug zu entfernen. Abgerissene Schläuche, die an den Händen haften, verkürzen sich und schneiden in der Haut ein. Seegurken können innerhalb von Monaten die abgerissenen Teile regenerieren. Läßt sich ein Angreifer durch die Cuvierschen Schläuche nicht abschrecken, kann die Seegurke als letzte Rettung ihre inneren Organe auswerfen, sozusagen dem Angreifer zum Fraß vorwerfen, in der »Hoffnung«, daß der Feind satt ist und von ihr abläßt. Das gilt auch für Seegurkenarten, die keine Cuvierschen Schläuche besitzen. Auch die inneren Organe werden regeneriert.

Das Gift der Cuvierschen Schläuche ist für den Menschen nicht gefährlich. Es verursacht nur in seltenen Fällen eine Reizung, wenn das Gift auf offene Wunden oder Schleimhäute übertragen wird: Schwellungen, Rötung und leichte Hauteruptionen sind die Folge. Das Gift löst den roten Blutfarbstoff auf und

Seegurken sind durch einen giftigen Hautschleim geschützt. Bei Berührung muß man darauf achten, daß das Gift nicht auf empfindliche Schleimhäute wie Augen, Mund und Nase übertragen wird.

beeinflußt den osmotischen Druck, so daß es zum Platzen der betroffenen Zellen kommt.
Seegurken werden in Asien auch wegen der angeblich aphrodisierenden Wirkung gegessen und als Delikatesse unter dem Namen »Trepang« angeboten. Obwohl die im Körper der Seegurken befindlichen Saponine wie das Holothurin theoretisch Magen- und Darmreizungen mit Durchfall und Koliken, auch Übelkeit und Erbrechen hervorrufen können, sind bisher keine Vergiftungen bekanntgeworden.

Knorpelfische

Fische werden in 2 Klassen eingeteilt, in Knorpelfische und Knochenfische. Die Knochenfische besitzen ein knöchernes Skelett und Gräten, die Knorpelfische ein Knorpelskelett. Letztere sind stammesgeschichtlich viel älter als Knochenfische, aber bei weitem nicht so zahlreich; es gibt etwa 23 000 Arten von Knochenfischen und nur 800 Knorpelfische.
Die beiden wichtigsten Unterklassen der Knorpelfische, denen man im Meer regelmäßig begegnen kann, sind Haie und Rochen. Einige Arten sind nicht leicht der richtigen Unterklasse zuzuordnen: Einen Geigenrochen kann man aufgrund seiner Form für einen Hai halten, während ein Engelhai sehr an einen Rochen erinnert. Am sichersten kann man sie an der Anordnung der Kiemenspalten identifizieren: Bei Rochen befinden sie sich immer an der Bauchseite, bei den Haien seitlich hinter dem Kopf.
Fast alle Rochen haben einen abgeplatteten Kopf und Körper, die zusammen mit den vergrößerten Brustflossen eine breite Körperscheibe bilden. Obwohl diese Körperform typisch für Bodenbewohner ist, leben einige Arten im Freiwasser und schwimmen gleich einem Vogel mit dem »Flügelschlag« ihrer Brustflossen. Zu diesen Schwimmern gehören Teufelsrochen der Gattungen *Manta* und *Mobula*, Kuhnasenrochen und Adlerrochen. Die Brustflossen dieser Arten laufen spitz aus. Die meisten anderen Rochen schwimmen mit ihren Flossensäumen, die wellenförmig bewegt werden. Nur wenige Familien wie Geigen- und Zitterrochen schwimmen mit der Schwanzflosse.

Haie

Verbreitung

Tropische bis kalte Meere und stromaufwärts in Flüssen.

Symptome

Haibisse verursachen meist stark blutende Wunden mit glatten Wundrändern oder kurze klaffende Schnittwunden. Bei Schlagaderverletzung pulsierende Blutung.

Erste Hilfe

Bei Schlagaderverletzung Arterie sofort abdrücken. Das Opfer so schnell wie möglich bergen, Druckverbände anlegen; auch bei stark blutenden Wunden. Betroffene Extremität hoch lagern. Schockbehandlung. Arzt verständigen.

Spezifische Therapie

Schocktherapie, chirurgische Wundversorgung.

Haie gibt es in den Weltmeeren fast unverändert schon seit 150 Millionen Jahren. Das bedeutet, daß ihr Körperbau so perfekt ist, daß eine Anpassung an die vielen anderen Lebewesen, die sich in diesem Zeitraum entwickelt haben, nicht notwendig war. Viele Haiarten besitzen ein sogenanntes Revolvergebiß mit sehr vielen furchterregenden Zähnen, die in mehreren Reihen angeordnet sind und ständig nachwachsen. Beißt ein Hai auf einen harten Gegenstand, verliert er sehr leicht einige Frontzähne. In kurzer Zeit rücken dann die Zähne der zweiten Reihe nach und ergänzen das »aktive« Gebiß. Die Zähne fallen auch aus, wenn sie abgenutzt sind, und bei Jungtieren werden die Zähne in kurzen Intervallen alle 1 bis 2 Wochen erneuert. Die Anzahl der Zahnreihen, die als Reserve im Kiefer bereitliegen, variiert bei den unterschiedlichen Arten; es können 6 bis 20 sein. Ein Hai kann im Laufe seines Lebens mehrere tausend Zähne bekommen. Mit dem Wachstum des Hais werden auch die Zähne entsprechend größer; bei einigen Arten verändert sich mit zunehmendem Alter die Form. Jungtiere haben spitzere Zähne, mit denen sie kleine Beutetiere halten können, wäh-rend erwachsene Tiere scharfe Zähne besitzen, die zum Schneiden von Fleisch aus größeren Beutetieren geeignet sind.

Der Weiße Hai *(Carcharodon carcharias)* gilt als gefährlichste Haiart. Er wird bis 6 m lang, kommt auch in Küstennähe gemäßigter und kühler Meere vor und ernährt sich vorwiegend von Säugetieren.

Tigerhaie *(Galeocerdo cuvier)* werden bis 5,5 m lang und sind ebenfalls als sehr gefährlich einzustufen. Sie kommen in manchen Gebieten häufig vor, werden aber von Tauchern und Schnorchlern kaum gesehen.

Wenn die Zähne eines Haies nicht benutzt werden, liegen sie flach nach hinten gerichtet. Bei Bedarf werden sie aufgestellt; Haie können aufgrund ihres Knorpelskeletts die Zähne bewegen. Beim Zubeißen verändert sich die Unterseite des Kopfprofils erheblich und der Eindruck einer »zahnlosen Oma«, den man von Haien oft hat, verändert sich. Wegen des unterständigen Mauls glaubte man früher, daß sich Haie zum Beißen auf den Rücken oder die Seite legen müßten. Sie sind aber in der Lage, beim Angriff die Schnauzenspitze anzuheben. Dabei wird die Oberlippe weit nach oben gezogen und das Gebiß freigelegt. Das ermöglicht ihnen, frontal zuzubeißen. Aber nicht alle Haie haben scharfe Zähne; ein großer Teil besitzt stumpfe Zähne, mit denen die Tiere ihre Nahrung wie hartschalige Wirbellose zermahlen.

Für Menschen kann auch die Haut der Haie gefährlich werden, da sie mit vielen mikroskopisch kleinen, scharfen Hautzähnen besetzt ist. Diese sind pilzförmig und genau wie die Zähne aus Dentin aufgebaut. Die Hautzähne schützen den Hai wie eine Rüstung; es ist fast unmöglich, mit einem scharfen Messer die Haut eines Haies von außen aufzuschneiden. Die Gefahr für den Menschen besteht darin, daß manche Haie unbekannte Objekte oder Lebewesen auf Freßbarkeit prüfen, indem sie mit ihren Flossen das potentielle Opfer streifen und damit die empfindliche Haut des Menschen verletzen. Außerdem besitzt die Haut der Haie Geschmacksrezeptoren, die sofort kleinste Blutmengen registrieren. Mit einem Tauchanzug kann man die Gefahr eines Angriffes erheblich mindern. Tödliche Haiangriffe auf Taucher sind äußerst selten. 1994 wurde im Südosten Australiens (Byron Bay/New South Wales) ein Taucher von einem Weißen Hai angegriffen; er wurde nie wieder gefunden. Auch aus Südafrika ist ein Todesfall von einem Taucher bekannt, der vor dem Abtauchen an der Oberfläche schwamm.

Ein Mensch ist an der Oberfläche wesentlich mehr gefährdet als unter Wasser; im offenen Meer treibende Menschen locken Haie relativ schnell an. Man kann davon ausgehen, daß Haie in tropischen Meeren immer gegenwärtig sind, auch wenn man sie nicht sieht. Gewöhnlich registriert ein Hai einen Menschen viel früher als der Mensch den Hai, besonders in trübem Wasser. Zum Glück sind fast alle Haiarten sehr ängstlich, und nur wenige Arten greifen sofort an. Gewöhnlich begleiten Haie im Meer treibende Menschen stunden- oder sogar tagelang, bis der erste Hai den Mut zum Angriff hat. Jeder Angriff auf ein relativ großes Lebewesen birgt für den Hai die Gefahr in sich, verletzt zu werden, was nicht selten zum Tod des Tieres führt – auch bei relativ kleinen Verletzungen.

Um das Verhalten eines Haies zu verstehen, müssen wir uns in ihn hineinversetzen: Der Hai nähert sich einer an der Oberfläche schwimmenden Person, die den Hai meistens nicht sehen kann. Der Hai, der gewöhnt ist, daß die meisten Lebewesen vor ihm fliehen, erwartet bei seiner Annäherung eine Fluchtreaktion, die natürlich ausbleibt, weil der Schwimmer von alledem nichts merkt. Der Hai »glaubt«, daß das unbekannte Wesen ihn nicht fürchtet. Er wird verunsichert, da er aufgrund unserer Reaktion annehmen muß, daß wir gefährlich sind. Deshalb dauert es bei manchen Arten oft sehr lange, bis sie angreifen. Einige wenige Arten lassen

Der Weißspitzen-Hochseehai *(Carcharhinus longimanus)*, bis 4 m lang, wird für viele Angriffe auf Seeleute verantwortlich gemacht. Unerschrocken nähert er sich auch Tauchern.

sich aber von unserem unnatürlichen Verhalten nicht irritieren und greifen sofort an. Diese Arten sind glücklicherweise sehr selten.

Ähnlich verhält es sich bei Tauchern, die einem Hai begegnen. Der Hai, der sich nähert, wird von dem Taucher angestarrt und flieht nicht, was auch wenig Sinn hätte. Dazu atmet der Mensch auch noch Luftblasen ins Wasser aus – in dieser Situation meist viele –, die im Meer nur von Säugetieren abgegeben werden können. Selbst wenn es sich um einen gefährlichen Hai handelt, ist er durch das unnatürliches Verhalten des Tauchers irritiert und zieht fast immer von dannen.

Über die Gefährlichkeit der Haie wurden schon viele Gruselgeschichten, aber auch Harmloses verbreitet. Beides hat eine gewisse Berechtigung, aber meistens wurden die Vorkommnisse durch die menschliche Phantasie übertrieben dargestellt. Bedauerlicherweise sind aber auch einige dieser schrecklichen Berichte wahr, und die Vorstellung, daß man selbst in eine solche Situation kommen könnte, läßt vielen Menschen das Blut in den Adern gerinnen.

Was müssen wir tun, damit wir nicht in eine ähnliche Lage kommen? Die Gefahr verdrängen oder ignorieren ist hier falsch, denn fast keines der bisherigen Haiopfer hätte geglaubt, daß es jemals in eine solche Situation kommen könnte: »Mir wird schon nichts passieren«. Das birgt die Gefahr in sich, daß sich panisches Entsetzen breitmacht, wenn die vorher verdrängte Gefahr plötzlich real wird. Manche Menschen reagieren hysterisch, andere sind wie gelähmt; letzteres ist weniger gefährlich als jede panische Reaktion. Doch der beste Schutz ist, möglichst viel über diese interessanten Tiere zu wissen, damit man gefährliche Situationen abwenden kann und im Ernstfall richtig handelt.

Blauhaie *(Prionace glauca)* erreichen eine Länge von 3,8 m. Diese Hochseebewohner erscheinen in manchen Gebieten in den Sommermonaten gelegentlich in Küstennähe.

Wichtig!

- Nicht im offenen Meer – dem Reich der Hochseehaie – schwimmen oder vom Boot aus baden.
- Trübes Wasser meiden, auch Flüsse und Ströme, die ins Meer münden; manche gefährliche Haiarten wandern auf der Suche nach Nahrung oft große Strecken stromaufwärts.
- Nachts oder während der Dämmerung zu baden ist gefährlicher als am Tag.
- Nicht mit offenen Wunden oder während der Menstruation im Meer baden.
- Nähert sich ein Hai einem Taucher, kann man ihn mit dem altbewährten Haistock oder einer Unterwasserkamera auf Distanz halten. Viele Haie lassen sich auch durch eine schnelle Bewegung oder einen starken Luftausstoß abschrecken, aber nicht alle.
- Einzelpersonen sind mehr gefährdet als Gruppen.
- Niemals fliehen, das könnte Haie erst zum Angriff ermutigen – es sei denn, daß die Rettung in Form eines Bootes, Bootssteges oder der Riffkante in greifbarer Nähe ist; aber hier können unter Umständen 5 m schon zu weit sein.
- Ruhende Haie nicht belästigen oder provozieren, dadurch sind schon viele Angriffe verursacht worden.

In einem bekannten Fall ist es einem Taucher gelungen, sich aus dem Gebiß eines Weißen Haies zu befreien, indem er nach dem Auge des Tieres geschlagen hat. Daraufhin spie der Hai das Opfer, das er am Körper gepackt hatte, wieder aus.
In Gebieten, in denen gelegentlich Haiangriffe vorkommen, nach den örtlichen Gegebenheiten erkundigen. Warnhinweise sollten immer ernst genommen werden; sie sind gewöhnlich nicht übertrieben.
In den letzten 7 Jahren sind weltweit 344 unprovozierte Haiangriffe gemeldet worden, das sind durchschnittlich 49 Angriffe pro Jahr. Davon verliefen 44 Unfälle tödlich, also 6 pro Jahr. Diese relativ hohe Zahl ist auf die steigenden Wassersportaktivitäten der letzten Jahre zurückzuführen. In den letzten 400 Jahren wurden pro Jahr durchschnittlich 4 Haiangriffe mit Todesfolge bekannt.
Viele Badeorte bagatellisieren die Haigefahr – aus Angst, finanzielle Nachteile in Kauf nehmen zu müssen. Deshalb ist es nicht allgemein bekannt, daß z. B. auch im Mittelmeer der Weiße Hai vorkommt.
Es gibt über 300 Haiarten, die nicht nur in ihrer Größe sehr voneinander abweichen, sondern auch in ihrem Verhalten. Nur etwa 10 Arten können dem Menschen unter bestimmten Bedingungen gefährlich werden, die meisten anderen fressen kleine Tiere und besitzen oft keine scharfen Zähne. Manche sind so klein, daß sie sich nicht in die Nähe eines Menschen wagen würden, während andere in Tiefen leben, in die ein

Mensch niemals vordringen kann. Die 3 größten Haiarten – der Riesenhai, der Walhai und der Riesenmaulhai – sind harmlose Planktonfresser, und wenn man diese Tiere kennt, wird eine Begegnung mit ihnen zum faszinierenden Erlebnis. Anders kann es denjenigen ergehen, die sie nicht kennen und ihnen plötzlich und unerwartet begegnen; nicht selten bekommen solche Menschen wegen der riesigen Ausmaße dieser Tiere einen Schock.

Die wenigen Arten, die nachweislich Menschen angegriffen oder getötet haben, leben fast nur in Gebieten, wo normalerweise niemand freiwillig ins Wasser geht – es sei denn, er weiß nichts von der Existenz der Haie oder er ignoriert die Gefahr. Anders ist die Situation bei einer Havarie oder einem Flugzeugabsturz, wenn Menschen unfreiwillig ins offene Meer müssen und vielleicht noch dazu verletzt sind. Haie sind die Gesundheitspolizei der Meere, und überall, wo etwas Ungewöhnliches passiert, sind sie zur Stelle.

Haie werden deshalb von den meisten Seeleuten gehaßt, obwohl im Grunde genommen nicht die Haie, sondern wir die Fehler machen, die zu Haiangriffen führen. Es ist nicht die Schuld der Haie, wenn Boote auf Riffe laufen und sinken. Ebensowenig können Haie etwas dafür, daß Menschen nicht in Frieden leben können und in Kriegen Flugzeuge oder Schiffe abschießen, so daß Menschen gezwungen sind, im Meer zu schwimmen.

Wir gehen freiwillig das Risiko ein, uns zeitweilig und ungeschützt im Meer aufzuhalten, einem Lebensraum, für den wir nicht geschaffen sind. Immer

Der Große Hammerhai *(Sphyrna mokarran)*, bis 6 m lang, ist die größte Hammerhaiart. Es gibt insgesamt 9 Arten, die aber selten von Tauchern gesehen werden. Nur 3 Arten werden relativ groß.

wieder passieren Unfälle mit Haien, weil Menschen in hai»verseuchten« Gebieten unter ungünstigsten Bedingungen baden, z. B. nachts in Hafenanlagen. Kommt es dann zu einem Unfall, wird selten erwähnt, wie unvorsichtig es von dem Verunglückten war, sich dieser Gefahr auszusetzen. Viel eher ist man bereit, die Haie für Bestien zu halten.

Der gute **Geruchssinn** der Haie ist bekannt, und lange glaubte man, die anderen Sinne seien nur mäßig entwickelt. Inzwischen weiß man, daß fast alle Sinne der Haie sehr hoch entwikkelt sind. Sie sind zudem mit einem ungewöhnlichen Organ ausgestattet, das kein anderes Tier vorweisen kann. Die **Lorenzinischen Ampullen** sind elektrosensorische Organe im Kopfbereich, mit denen Haie minimale elektrische Reize wahrnehmen. Diese Organe reagieren außerdem auf chemische und mechanische Reize; auch Kälte wird damit registriert. Es handelt sich um gallertgefüllte Kanäle im Unterhautgewebe, die durch Scheidewände in Ampullen (Name!) unterteilt sind. Sie stehen durch Poren in der Haut mit dem umgebenden Wasser in Verbindung. Das Organ ermöglicht den Haien, das elektrische Feld, das jedes Lebewesen umgibt, zu orten. Auf diese Weise können sie unverletzte Tiere bei völliger Dunkelheit oder im Sand vergrabene Beutetiere aufspüren. Besonders spezialisiert auf diese Jagdtechnik sind Hammerhaie, die aufgrund ihres breiten Kopfes den Ursprung der Stromquelle offenbar besonders genau lokalisieren können. Die Lorenzinischen Ampullen nehmen auch das Magnetfeld der Erde

Der Silberspitzenhai *(Carcharhinus albimarginatus)* wird bis 2,75 m lang und lebt vorwiegend an küstenfernen Riffen. Einmal an Taucher gewöhnt, nähert er sich bis auf kurze Entfernung.

wahr und helfen Hochseehaien, sich im Freiwasser, das optisch keine Orientierungspunkte liefert, zurechtzufinden. Die langen Wanderungen mancher Haiarten, die in wenigen Tagen einen Ozean durchqueren, sind also nicht zufällig oder ziellos, sondern vergleichbar mit den Wanderungen mancher Säugetierarten.

Das **Gehör** der Haie ist mit einem anderen Sinnesorgan, das Landtiere ebenfalls nicht besitzen, eng verbunden: Das **Seitenlinienorgan** zieht sich, wie der Name schon sagt, entlang der Rumpfseiten eines Fisches und endet beim Hai nahe der Spitze des oberen Schwanzflossenlappens; im Kopfbereich verzweigt es sich mehrfach. Das Seitenlinienorgan besteht aus Gruben und Kanälen, die mit Flüssigkeit gefüllt sind und durch Hautporen mit dem umgebenden Wasser verbunden sind. In den Kanälen befinden sich haarähnliche Fortsätze, die sogenannten Haarzellen (Neuromastenepithele), die sich durch einseitigen Druck mit der entstehenden Strömung bewegen und diese Informationen zum Gehirn weiterleiten. Haie können damit in trübem Wasser oder bei völliger Dunkelheit Hindernisse, die Nähe des Ufers und auch andere Lebewesen spüren. Mit dem Seitenlinienorgan werden auch Schallwellen wahrgenommen.

Bei Haien lösen ungewöhnliche, nicht alltägliche Frequenzen unterschiedliche Reaktionen aus. Wenn z. B. ein zappelnder Fisch am Angelhaken hängt, bedeutet das für den Hai potentielle Beute, und er greift den Fisch sofort an. Nimmt das Seitenlinienorgan Frequenzen auf, die dem Hai unbekannt sind, z. B. bei einer Havarie, nähert er sich neugierig, aber mit größter Vorsicht. Ebenso können bestimmte Frequenzen eine Flucht auslösen. Die Haie gewöhnen sich aber schnell an diese Reize; deshalb zeigten Abwehrwaffen gegen Haiangriffe, die man bisher entwickelte, nach kurzer Zeit keine Wirkung mehr.

Die **Augen** der Haie hielt man lange Zeit für schlecht entwickelt, aber diese Meinung ist überholt. Viele Haie besitzen auf der Netzhaut (Retina) nicht nur Stäbchenzellen, sondern auch Zapfenzellen. Die Stäbchenzellen sind besonders in der Dämmerung sehr lichtempfindlich; dabei kommen ihnen silbrige Plättchen (Tapetum), die das Licht wie Spiegel auf die Stäbchen reflektieren, zu Hilfe. Die Stäbchenzellen können durch grelles Licht zerstört werden, deshalb sind die Reflektoren mit beweglichen Pigmenten versehen, die das Licht dosieren. Die Zapfenzellen sind bei hellem Licht leistungsfähiger.

Die Pupillenbewegung der meisten Haie ist sehr langsam; selbst die schnellen Menschenhaie benötigen zum Schließen fast eine Minute! Im Gegensatz zu den Knochenfischen haben Knorpelfische »Augenlider«. Das Auge wird durch eine Nickhaut geschützt, die von unten nach oben das Auge schnell überdeckt. Dieser Reflex bietet Schutz vor mechanischen Verletzungen und wird beim Beutebiß automatisch ausgelöst, so daß ein zappelnder Fisch mit seinen Stacheln das Auge nicht verletzen kann.

Bei manchen Haien ist die Nickhaut außen zusätzlich durch Plagoidschuppen geschützt.

Die **chemische Wahrnehmung** ist bekanntlich bei Haien sehr gut ausgeprägt. Besonders stimulierende Stoffe wie Blut können sie in geringster Konzentration (1 : 1 000 000) riechen. Ähnlich wie bei anderen Tieren auch sind die **Geruchsrezeptoren** an den Nasengruben in großer Zahl konzentriert. Beim Verfolgen einer Geruchsspur nehmen Haie größere Mengen Wasser durch die Nasenöffnungen auf. Ein als freßbar erkannter Futterbrocken wird vor dem Verschlingen zusätzlich durch die im Maul und Rachen befindlichen **Geschmacksrezeptoren** überprüft.

Einige Tiere wie Seegurken und auch Plattfische können Sekrete abgeben, die Haie in die Flucht schlagen. Versehentlich ins Maul genommene Tiere werden sofort wieder ausgespien. Das liegt weniger daran, daß die Stoffe so abscheulich riechen; es handelt sich vielmehr um saure Proteine, die die Oberflächenspannung des Wasser herabsetzen und die Chemosensoren der Haie angreifen. Das kann sogar zum Tod des Haies führen, wenn er keine Möglichkeit zur Flucht hat, wie beispielsweise in einem Aquarium.

Man hat versucht, diese Stoffe chemisch herzustellen und als Haiabwehrmittel einzusetzen. Das Produkt zeigte zunächst die gewünschte Wirkung, aber die Haie gewöhnten sich sehr schnell daran.

Haie besitzen ein 7. Sinnesorgan: die **Savischen Blasen**, die im Bereich der Schnauze liegen. Es handelt sich um halbkugelförmige Gebilde, die geschlossen sind und mit einem Nervenstrang in Verbindung stehen. Über die Funktion ist noch nichts bekannt.

Der Graue Riffhai *(Carcharhinus amblyrhynchos)* wird bis 2,3 m (im Indischen Ozean bis 1,8 m) lang und ist im tropischen Indopazifik sehr häufig. Er lebt oft in großen Ansammlungen bis zu 50 Exemplaren.

Knorpelfischen fehlt ein Organ, das Knochenfische besitzen: Die Schwimmblase. Sie wird bei den Haien weitgehend durch die fetthaltige Leber kompensiert, so daß Haie beim Schwimmen nur einen geringfügigen Auftrieb mit ihren »Tragflächen«, den Brustflossen, erzeugen müssen. Daß die Schwimmblase fehlt, hat den Vorteil, daß Haie sehr schnell ihre Schwimmtiefe verändern können, ohne »tarieren« zu müssen.

Haiarten, die sich zum Ruhen auf den Meeresgrund legen, sind normalerweise harmlos, solange sie nicht provoziert werden. Aber schon ein kleiner Hai von 50 cm Länge kann sich, wenn man ihn berührt, blitzschnell umdrehen, in den Finger beißen und läßt nicht wieder los. Selbst in einer für den Hai lebensbedrohlichen Situation, wenn man ihn z. B. aus dem Wasser hebt, wird er den Biß manchmal nicht lösen. Bei sehr großen Arten wie Ammenhaien und Wobbegongs, die über 3 m lang werden können, kann eine ähnliche Situation lebensgefährlich sein. Es sind bereits Unfälle bekanntgeworden.

Riffhaie gehen Tauchern normalerweise aus dem Weg und wandern aus stark frequentierten Gebieten ab. Hält man sich zu lange in ihrem Territorium auf, zeigen manche Arten ein Drohverhalten, auf das man sofort reagieren sollte. Dabei verändern sich die gleitenden, eleganten Bewegungen der Haie und werden eckig: Sie krümmen den Rükken, heben die Schnauze an und stellen die Brustflossen steil nach unten. Man sollte sich dann aus dem Gebiet ohne Hektik zurückziehen und die Haie dabei nie aus den Augen lassen. Eine panische Flucht kann einen Hai unter Umständen zum Angriff ermutigen.

Am gefährlichsten ist der Aufenthalt im Freiwasser fernab von Riffen. Hier ist immer damit zu rechnen, daß **Hoch-**

Der Weißspitzen-Riffhai *(Triaenodon obesus)*, bis 2 m lang, kommt im Indopazifik häufig vor. Er lebt meist einzeln, Jungtiere kann man gelegentlich in Höhlen in kleinen Ansammlungen beobachten.

seehaie auftauchen. Das geschieht zwar äußerst selten, aber wenn diese Situation eintritt, kann es sehr unangenehm werden, da die Tiere über 3 m lang werden und oft unerschrocken sind. Auch in dieser Situation hilft nur Ruhe, hektische Bewegungen sind zu vermeiden. Zum Glück sind sich Haie ihrer Überlegenheit nicht bewußt. Wenn wir weder fliehen noch den Hai aus den Augen lassen, suggerieren wir ihm, daß wir ihm gewachsen sind. Das ist der Grund, weshalb es kaum Angriffe auf Taucher gibt.

Wichtig!
Am meisten sind Personen gefährdet, die …
- harpunieren, besonders wenn sie die erbeuteten Fische bei sich tragen.
- allein schwimmen und dazu noch weit vom Ufer entfernt sind. (In manchen Gebieten wie Australien kommen allerdings auch Angriffe in hüfttiefem Wasser vor).
- lautstark im Wasser herumplanschen.
- surfen; ein Surfboard wird oft für den Körper einer Robbe gehalten.
- die Haigefahr ignorieren oder verdrängen. Diese Haltung führt im Ernstfall oft zu panischen Reaktionen, wodurch unter Umständen ein Angriff ausgelöst wird. Niemand kann ausschließen, daß es zu einer Haibegegnung kommt, wenn man sich im Meer aufhält.

Der Sandtiger *(Eugomphodus taurus)* bis 3,2 m lang, wurde von Tauchern so stark dezimiert, daß er heute in Australien unter Naturschutz steht. Er ist an seinen dünnen, hakenförmigen Zähnen zu erkennen.

Wichtige Hai-Arten

Der **Weiße Hai** *(Carcharodon carcharias;* Foto S. 73*)* ist ohne Zweifel die gefährlichste Art, auf dessen Konto viele Unfälle gehen, doch zum Glück ist er sehr selten. Er wird bis etwa 6 m lang – möglicherweise länger – und kommt auch in Küstennähe vor, denn er ernährt sich vorwiegend von Säugetieren wie Robben. Da diese Beutetiere an den Küsten kühlerer Meere leben, sind Weiße Haie auch überwiegend in diesen Gebieten zu finden; aber auch in tropischen Gebieten. Im warmen Wasser sind sie offensichtlich nicht angriffslustig, denn bisher ist nur ein tödlicher

Ammenhaie sind nachtaktiv und ruhen am Tag auf dem Grund. Sie werden über 3 m lang, sind aber völlig harmlos, wenn sie nicht provoziert werden.

Unfall von Samoa bekannt geworden: Ein Speerfischer, der seine erlegten Fische in einem Netz an der Hüfte trug, wurde Ende 1995 von einem Hai getötet. Bei der Untersuchung des Leichnams soll man im Beckenknochen den abgebrochenen Zahn eines Weißen Hais gefunden haben.

Der **Tigerhai** *(Galeocerdo cuvier;* Foto S. 74*)* wird bis 5,5 m lang und ist ebenfalls als sehr gefährlich einzustufen. Obwohl diese Art in vielen Gebieten häufig vorkommt, wird sie von Tauchern und Schnorchlern nur sehr selten gesehen. Die meisten bekannt gewordenen Angriffe erfolgten nahe der Wasseroberfläche, während Taucher unter Wasser meistens ignoriert wurden. Es ist bekannt, daß Tigerhaie nachts an flachen Riffen jagen, wo auch Nachttauchgänge unternommen werden. Sie halten aber offensichtlich Abstand vom Licht, denn sie werden praktisch nie gesehen. Kennzeichen: Stumpfer Kopf. Querstreifen sind bei Jungtieren deutlich und verblassen im Alter.

Der **Gemeine Grundhai** *(Carcharhinus leucas)* wird 4 m lang und ist eine in tropischen Gewässern weit verbreitete Art, die häufig bei der Futtersuche stromaufwärts in Flüsse einwandert. Viele Unfälle gehen vermutlich auf sein Konto. Kennzeichen: Einfarbig grau, keine auffälligen Merkmale. Schwimmt vorwiegend dicht über Sandgrund.

Der **Kurzflossen-Makohai** *(Isurus oxyrinchus;* 3,8 m) ist aggressiv und angriffslustig, aber selten; sogar Angriffe auf Boote sind bekannt geworden. Da Makohaie aufgrund ihrer Schnelligkeit leicht Beutetiere fangen können, sind Angriffe auf Menschen relativ selten.

Kennzeichen: Auffallend spitze Schnauze, sichelförmige Schwanzflosse, große schwarze Augen. Sie kommen in allen tropischen bis warmtemperierten Meeren vor, auch im westlichen Mittelmeer. Es sind Hochseehaie, die nur sehr selten in Riffnähe gesehen werden.

Der **Langflossen-Makohai** *(Isurus paucus;* 2,8 m) ist nur von den Gewässern um Kuba bekannt und wurde erst 1966 beschrieben.

Der **Blauhai** *(Prionace glauca;* Foto S. 76*)* erreicht eine Länge von 3,8 m. Kennzeichen: Intensiv blaue Rückenfärbung, sehr schlank, die Schnauze ist auffallend langgestreckt. Die Brustflossen sind sehr lang und die erste Rückenflosse ist klein. In allen tropischen bis gemäßigten Meeren, auch im Mittelmeer. Diese Hochseebewohner erscheinen in den Sommermonaten gelegentlich in Küstennähe.

Weißspitzen-Hochseehaie *(Carcharhinus longimanus;* 4 m; Foto S. 75) werden für viele Angriffe im offenen Meer, besonders bei Havarien, verantwortlich gemacht. Ihr Verhalten gegenüber Tauchern hat gezeigt, daß sie weniger aggressiv sind als angenommen. Die bekannte Haiforscherin E. Clark hat im Roten Meer demonstriert, daß man bei Anwesenheit dieses Haies mit einer Schnorchelausrüstung ins Wasser gehen kann, ohne angegriffen zu werden. Die bekannten Unfälle sind wahrscheinlich auf Verletzte zurückzuführen, die Blut verloren haben, oder betreffen Personen, die sehr lange im Wasser trieben; manche Haiarten brauchen sehr lange, bis sie angreifen.

Kennzeichen: Lange Brustflossen, erste Rückenflosse auffallend abgerundet und mit weißer Spitze. Die Art ist in allen tropischen Meeren beheimatet.

Der **Silberspitzenhai** *(Carcharhinus albimarginatus;* 2,75 m; Foto S. 79) sollte besser Weißrandhai heißen, so wie er im Lateinischen treffend genannt wird. Bevor man ihn aus größerer Entfernung richtig erkennen kann, sind die leuchtend weißen Ränder seiner Brust-, Rücken- und Schwanzflosse zu sehen. Dieser Hai ist vorwiegend an küstenfernen Riffen zu finden. Dringt man in sein Revier ein, droht er mit »Buckeln«, worauf man besser mit einem Rückzug reagieren sollte; obwohl er als potentiell gefährlich eingestuft wird, sind verbürgte Unfälle nicht bekannt.

Der **Weißspitzen-Riffhai** *(Triaenodon obesus;* 2 m; Foto S. 82) ist im Indopazifik der zweithäufigste Hai, den man beim Tauchen regelmäßig sehen kann. Er hat einen schlanken Körper und auffällig weiße Spitzen an den Rückenflossen und am oberen Schwanzflossenlappen. Er ist relativ scheu und nur selten aus kurzer Entfernung zu beobachten.

Der **Schwarzspitzenhai** *(Carcharhinus melanopterus;* 1,8 m; Foto S.1) soll angeblich im Pazifik Unfälle verursacht haben. Wer diesen scheuen Hai kennt, hat Zweifel an solchen Meldungen. Es dürfte sich dabei um eine Verwechslung mit der sehr ähnlichen Art *(Carcharhinus limbatus;* 2,3 m) handeln. Beide Arten haben an der ersten Rückenflosse eine schwarze Spitze.

Der **Galapagoshai** *(Carcharhinus galapagensis;* 3 m) bevorzugt küstenferne

Wobbegongs oder Teppichhaie, bis 3,2 m lang, greifen nie von sich aus an. Wer die Tiere nicht stört, hat nichts zu befürchten. Wegen ihrer hervorragenden Tarnung werden sie leicht übersehen.

Riffe und jagt bis in Tiefen von 180 m. Er ist einfarbig graubraun und besitzt eine relativ hohe Schwanzflosse.

Der **Großflossenhai** *(Carcharhinus plumbeus;* 3 m) lebt in tropischen bis gemäßigten Meeren und ist relativ selten. Er hat eine sehr hohe erste Rückenflosse und ist einfarbig blaugrau. Man zählt ihn zu den potentiell gefährlichen Arten, Angriffe sind aber nicht nachgewiesen.

Der **Seidenhai** *(Carcharhinus falciformis;* 3,3 m) lebt oberflächennah in tiefen Küstengewässern und kommt nur selten in Gebieten mit einer Tiefe bis 50 m vor. Er ist schlank und hat eine relativ kleine erste Rückenflosse. Die Schwanzflosse ist etwas dunkler als der Körper. Über die Gefährlichkeit ist nichts bekannt.

Der **Bronzehai** oder **Bronzefarbene Walfängerhai** *(Carcharhinus brachyurus;* 2,3 m) ist ein Küstenbewohner, der in seiner Form und Größe an den bekannten Grauen Riffhai erinnert, er hat aber keinen schwarzen Saum am Schwanz, ist einfarbig gelbbraun, und die erste Rückenflosse ist höher und sehr spitz.

Der **Graue Riffhai** *(Carcharhinus amblyrhynchos;* 2,3 m; Foto S. 81) gehört im tropischen Indopazifik zu den häufigsten Haien. Vom Pazifik wurden einige Angriffe auf Menschen gemeldet, auch tödliche. In den letzten Jahren kam es auch im Indischen Ozean durch das Anfüttern der Haie zu mehreren Angriffen, die aber nicht den Tauchern, sondern dem Futter galten. In der Aufregung beißen Haie gelegentlich unkontrolliert zu, so daß Taucher verletzt wurden. Die Art ist an dem breiten schwarzen Saum ihrer Schwanzflosse eindeutig zu erkennen.

Grauhaie *(Hexanchus griseus;* bis 4,8 m; und *H. vitulus;* etwa 2 m) sind daran zu erkennen, daß ihnen die typische erste Rückenflosse fehlt; die einzige Rückenflosse ist klein und liegt weit hinten, dort wo sich bei den meisten Haien die zweite Rückenflosse befindet. Grauhaie leben meist in größeren Tiefen in allen tropischen bis kühlen Meeren, auch im Mittelmeer; selten auch in der Nordsee.

Der **Sandtiger** *(Eugomphodus taurus;* 3,2 m; Foto S. 83) wurde aufgrund seines gefährlichen Aussehens in Australien für viele Angriffe verantwortlich gemacht, die aber von anderen Arten verursacht wurden, wie sich später herausstellte. Aufgrund dieser falschen Beschuldigungen wurde er von Tauchern mit »Power-heads« so stark bejagt, daß man ihn an den Rand der Ausrottung brachte; heute steht er unter Naturschutz. Er hat hakenförmige Zähne, die immer zu sehen sind. Die Oberseite des Kopfprofils ist auffallend konkav, die Färbung graubraun mit vereinzelten unregelmäßigen, dunklen Flecken.

Der **Pazifische Zitronenhai** *(Negaprion acutidens;* 3,1 m) hat eine gelbliche Färbung und schwimmt mit offenem Maul, so daß man seine Zähne sehen kann; das verleiht ihm ein gefährliches Aussehen.

Der **Atlantische Zitronenhai** *(Negaprion brevirostris;* 3,5 m) ist in der Karibik häufig anzutreffen.

Hammerhaie sind sehr schwierig zu identifizieren, denn es gibt 9 verschiedene Arten, von denen aber nur 3 wegen ihrer Größe als potentiell gefährlich eingestuft werden: Großer Hammerhai *(Sphyrna mokarran;* 6,1 m;

Leopardenhaie oder Zebrahaie, bis 2,3 m lang, gehören zu den Ammenhaien. Bei Jungtieren sind die Flecken zu Streifen verbunden; Jungtiere leben sehr versteckt und werden von Tauchern nie gesehen.

Foto S. 78), Glatter Hammerhai *(Sphyrna zygaena;* 4 m) und der Bogenstirn-Hammerhai *(Sphyrna lewini;* 3,5 m). Alle anderen Arten sind relativ klein. Der **Fuchshai** *(Alopias vulpinus;* 4 m), bewohnt als Jungtier die Küstengewässer und später die Hochsee. Er ist leicht an seinem stark verlängerten oberen Schwanzflossenlappen zu erkennen. **Ammenhaie** (Foto S. 84) und **Wobbegongs** oder **Teppichhaie** (über 3 m; Foto S. 86) greifen nie von sich aus an und gehören nicht zu den gefährlichen Haiarten. Es gibt aber in manchen Gebieten eine Reihe von verbürgten Unfällen mit diesen Arten. Es handelt sich in allen Fällen um provozierte Angriffe. Wer die Tiere nicht stört, hat nichts zu befürchten.

Stechrochen

Verbreitung

Weltweit in tropischen bis kühlen Meeren; vereinzelt auch im Süßwasser.

Symptome

Ein Stich verursacht brennende und stechende Schmerzen, die sich innerhalb der nächsten 30–60 Minuten steigern. Die Einstichstelle schwillt an und färbt sich grau, dann blau und schließlich rot. Übelkeit, Erbrechen, Durchfall, Herzklopfen und Angstzustände mit Schweißausbrüchen.

Erste Hilfe

Stachel nicht aus der Wunde ziehen. Arzt verständigen. Keine Heißwasserbehandlung (siehe Giftstiche, Seite 158). Wunde ausspülen, Desinfektion. Das betroffene Glied ruhigstellen, stabile Seitenlage, keine Anstrengung beim Transport zum Arzt. Überwachung des Patienten.

Spezifische Therapie

Antidot nicht bekannt. Analgosedierung. Symptomatische Therapie unter Einschluß von Intensivmaßnahmen; chirurgische Entfernung des Stachels; auf Sekundärinfektion achten.

Stechrochen, auch Stachelrochen genannt, besitzen auf der Oberseite ihres Schwanzes 1 oder 2, selten bis 4 lange Giftstacheln, die sich zwischen ihrer Körperscheibe und dem Schwanzende befinden. Bei manchen Arten liegen die Stacheln näher am Schwanz, bei anderen näher am Körper. Von wenigstens einer Art ist bekannt, daß sie im Sommer einen zweiten Stachel bekommt, der den ersten ersetzt. Nur die Gattung *Urogymnus* hat keinen Stachel, ebenso die Vertreter der Familie Echte Rochen, deren Körpersaum vor dem Kopf spitz zuläuft.
Stechrochen graben sich zum Ruhen teilweise im Sand oder Schlamm ein und verlassen sich auf ihre gute Tarnung. Man kann sich ihnen nähern, ohne daß sie eine Fluchtreaktion zeigen; die Fluchtdistanz variiert aber bei den verschiedenen Arten. Manche Arten *(Dasyatis leylandi*; Foto S. 91) graben sich so tief ein, daß selbst ein geübter Beobachter bestenfalls die Augen sehen kann. Die Gefahr besteht darin, daß man den Rochen übersieht und auf ihn

tritt. Für Badende, die diese Tiere und ihre Gewohnheiten nicht kennen, stellen sie eine große Gefahr dar, denn sie halten sich gelegentlich schon in sehr flachem Wasser in Strandnähe auf. Tritt man auf sie, schlagen sie gezielt mit ihrem peitschenartigen Schwanz nach dem vermeintlichen Angreifer und treffen ihn häufig mit ihrem Giftstachel in den Unterschenkel. Der bis zu 35 cm lange Stachel (meistens wesentlich kürzer) besitzt viele Widerhaken und bleibt, wenn er tief eingedrungen ist, manchmal in der Wunde stecken. Der Stachel darf nicht herausgezogen werden, sondern muß so schnell wie möglich operativ entfernt werden. Der Stachel ist mit einem Drüsengewebe überzogen, das ein schmerzhaftes Gift enthält. Das Gewebe ist von einer schützenden Haut bedeckt, die beim Einstich aufreißt, so daß das Gift in die Wunde gelangt. Meistens bleibt auch das giftige Gewebe in der Wunde und entfaltet seine volle Wirkung. Die betroffenen Personen leiden unter sehr starken Schmerzen. Eine große Gefahr besteht, wenn der Stachel in eine Körperhöhle (Bauch, Brust) eingedrungen ist.
Die Proteinstruktur des Giftes ist nicht bekannt, ein Antiserum ist nicht verfügbar. Keine Heißwasserbehandlung anwenden; nach neusten Erkenntnissen kann das Gift dadurch nicht inaktiviert werden. Im weiteren Verlauf ist mit ausgedehnten Nekrosen zu rechnen, die ihrerseits ein erneutes chirurgisches Vorgehen erfordern können.

Der Schwarzflecken-Stechrochen *(Taeniura meyeni;* bis 1,7 m breit) ist eine relativ große Art, die in vielen Gebieten häufig vorkommt. Bei Annäherung heben die Tiere manchmal drohend den Schwanz.

Sehr große Stechrochen können eine Länge von 2,5 m erreichen, sie sollen die Holzwand eines kleinen Bootes mit ihrem Stachel durchschlagen können. Doch alle Rochen sind friedliche Tiere, die ihre gefährliche Waffe niemals zum Angriff einsetzen. Wer von einem Stechrochen verletzt wird, hat ihn entweder übersehen oder provoziert. Weicht man den Tieren aus, hat man nichts zu befürchten.

Wichtig! Nähert sich ein Taucher einem ruhenden Stechrochen, hebt dieser gelegentlich drohend den Schwanz mit dem Giftstachel. Reagiert man darauf nicht, läuft man Gefahr, von dem Giftstachel getroffen zu werden.
Wenn man vom Strand ins Meer läuft, ist es ratsam, sich einen schlurfenden Gang anzugewöhnen. Auf diese Weise kann man einen im Sand eingegrabenen Rochen, den man übersehen hat, in die Flucht schlagen. Bei minimalem Wellengang liegen die Tiere manchmal schon in einer Wassertiefe von wenigen Zentimetern. Badeschuhe bieten keinen Schutz, da bei den meisten bekannten Rochen-Unfällen die Betroffenen die Stichverletzung im Unterschenkel hatten.

Bei Naturvölkern wird mangels operativer Möglichkeiten der Stachel quer durch das Bein geschoben, weil er wegen der Widerhaken nicht aus der Wunde gezogen werden kann. Dabei

Der Blaupunkt-Stechrochen *(Taeniura lymma)*, bis 95 cm breit, kommt besonders im Roten Meer recht häufig vor. Trotz seiner weiten Verbreitung wird er in anderen Gebieten kaum gesehen.

verbleibt ein Großteil des giftigen Drüsengewebes in der Wunde und verursacht extreme Schmerzen.
Stechrochen sind vorwiegend nachtaktiv und suchen im Sand oder auf Schlammgrund nach Nahrung, die zum großen Teil aus hartschaligen Wirbellosen, aber auch aus Fischen besteht. Sie können die Beute mühelos mit ihrem kräftigen Gebiß zerkleinern. Gelegentlich bilden sie mit ihrer Körperscheibe eine »Höhle«, indem sie den vorderen Saum anheben. Kleinere Tiere, die darin Schutz suchen, sind eine leichte Beute.
Zur Sauerstoffversorgung saugen Stechrochen Atemwasser durch die Spritzlöcher hinter den Augen an und leiten es durch die Kiemenschlitze an der Bauchseite wieder aus; deshalb ist es ihnen möglich, sich in Sand und Schlamm einzugraben.
Stechrochen sind nicht nur Bewohner tropischer bis gemäßigter Meere; aus

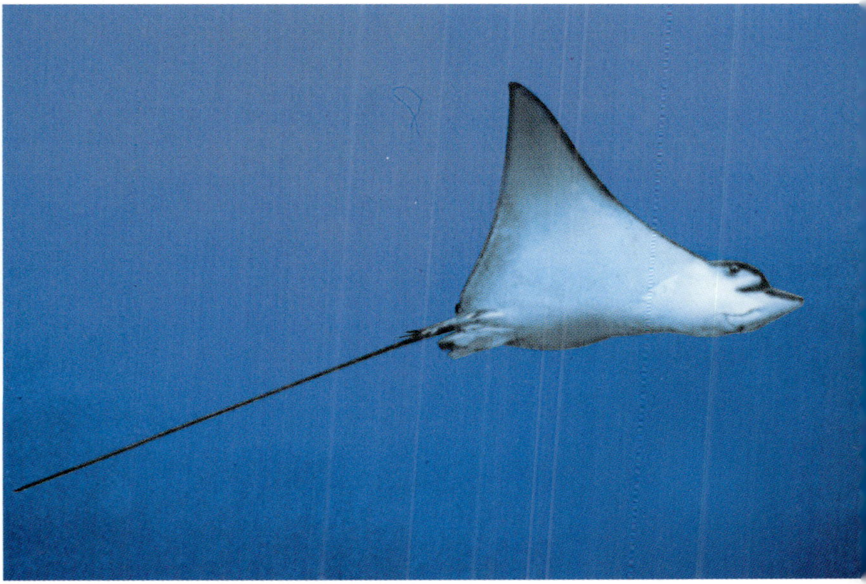

Adlerrochen *(Aetobatus narinari)* erreichen eine Flügelspannweite von 2,5 m, meist sieht man aber nur kleine Exemplare bis 1 m. Sie besitzen 1-2 Giftstacheln auf der Schwanzwurzel.

Der Masken-Stechrochen *(Dasyatis leylandi)* wird bis 25 cm breit und gräbt sich wie alle Stechrochen gern im Sand ein. Er wird wegen seiner Tarnfärbung von ungeübten Augen leicht übersehen.

der südlichen Nordsee ist der Gewöhnliche Stechrochen *(Dasyatis pastinaca)* bekannt, der als Irrgast auch in der Ostsee vorkommen kann.

Andere Rochenarten

Andere Rochenarten werden dem Menschen im allgemeinen nicht gefährlich, sollen aber in diesem Abschnitt kurz besprochen werden, da es bei Tauchern oft zu Unsicherheit wegen einer möglichen Gefährdung kommt. Den Zitterrochen wird im Anschluß ein eigenes Kapitel gewidmet.

Adler- und **Kuhnasenrochen** besitzen ebenfalls Giftstacheln. Sie leben im Freiwasser und sind sehr scheu, so daß es im Meer nie zu einem Kontakt mit einem Menschen kommen kann. Gefährdet sind nur Personen, die diese Tiere fangen.

Teufelsrochen *(*Gattungen *Manta* und *Mobula)* können eine Flügelspannweite von fast 7 m erreichen und 1,2 t schwer werden. Ihre »Hörner« – damit sind die Kopfflossen gemeint –, mit denen sie das Plankton in das Maul leiten, trugen dazu bei, daß man sie Teufelsrochen nannte. Sie wurden früher für gefährlich gehalten, weil sie die Ankerketten von Booten benutzten, um sich daran ihre Hautparasiten abzukratzen. Dabei rissen sie gelegentlich einen Anker los, und die Boote trieben mit dem Wind oder der Strömung davon. Man glaubte, daß die Teufelsrochen die Boote absichtlich wegziehen und hielt sie deshalb für Ungeheuer. Es sind aber harmlose Planktonfresser, die niemals angreifen und einem Menschen im Wasser nicht gefährlich werden. In seltenen Fällen kommt es vor, daß ein Teufelsrochen einen Schwanzstachel besitzt, der aber nur eine Gefahr darstellt, wenn die Tiere gefangen werden.

Trotzdem hat es schon einen spektakulären »Unfall« mit einem Teufelsrochen gegeben. Die Tiere springen gelegentlich aus dem Wasser und schlagen mit einem ohrenbetäubenden Knall auf der Wasseroberfläche auf. Man nimmt an, daß sie sich dabei die Hautparasiten, von denen sie oft reichlich befallen sind, abschlagen. Bei einem dieser Sprünge passierte es, daß ein Teufelsrochen auf dem Deck eines Schiffes landete, auf dem sich eine Frau zu einem Sonnenbad hingelegt hatte. Hätte es sich um ein ausgewachsenes Tier gehandelt, wäre die Sonnenanbeterin sicher nicht mit dem Schrecken davongekommen. Der Teufelsrochen bezahlte den Sprung mit dem Leben; er erstickte an Bord des Bootes. Wer in eine solche Situation kommt, dem kann man es nicht verdenken, wenn er in diesem Moment an Meeresungeheuer glaubt.

Die 6 Arten der Gattung *Mobula* unterscheiden sich von der Gattung *Manta* durch ihren flacheren Körper und ihr unterständiges Maul. Sie sind meist grau gefärbt und haben einen seidigen Glanz. Nur eine Art, *Mobula obular*, die im Mittelmeer und Ostatlantik beheimatet ist, erreicht die stattliche Größe von 6 m Spannweite und ein Gewicht von 300 kg; alle anderen Arten sind wesentlich kleiner. We-

Der Teufelsrochen *Manta birostris* wird bis 6,7 m breit und ist gewöhnlich harmlos. In seltenen Fällen besitzen Teufelsrochen auch einen Giftstachel auf dem Schwanz.

nigstens eine Art hat einen langen Giftstachel, der aber keinem Menschen im Meer gefährlich werden kann, da die Tiere gewöhnlich sehr scheu sind.

Geigenrochen werden von Tauchern oft wegen ihrer hohen Rückenflossen, die beide fast gleich groß sind, für Haie gehalten. Sie unterscheiden sich von Haien durch ihren flachen, breiten Kopf, der von oben gesehen meistens eine dreieckige Form besitzt und vorn spitz ausläuft. Die Kiemenspalten befinden sich wie bei allen Rochen an der Bauchseite. Die größte Art erreicht eine Länge von mindestens 4 m und ein Gewicht von 250 kg, die Tiere sind aber harmlos und relativ scheu. Geigenrochen ernähren sich von kleinen Fischen und Wirbellosen. Es sind Meeresbewohner, die aber häufig im Brackwasser vorkommen und gelegentlich ins Süßwasser einwandern. Am Tag liegen sie meist flach auf dem Grund oder sind teilweise eingegraben.

Geigenrochen kommen in vielen Gebieten der Tropen, Subtropen und in gemäßigten Meeren vor: Im Indopazifik sind 6 Arten bekannt, im Westatlantik 3 und 9 im Mittelmeer und Ostatlantik. Eine weitverbreitete Art *(Rhinobatos halavi)* ist vom Mittelmeer durch den Suezkanal ins Rote Meer eingewandert und kommt an den Küsten Ägyptens vor.

Sägerochen besitzen am Kopf ein langes, nach vorn gerichtetes Rostrum von schwertartiger Form, das beidseitig mit vielen Zähnen bestückt ist. Die Theorien über dessen Bedeutung gehen auseinander: Einige sind der Meinung, daß die Rochen diese »Säge« bei der Suche nach Wirbellosen zum Graben in Sand und Schlamm benutzen, andere nehmen an, daß sie damit in einem Fischschwarm wild um sich schlagen und Fische verletzen, die dann erbeutet werden.

Obwohl die Säge gefährlich aussieht, ist kein Fall bekannt, bei dem diese furchterregende Waffe zum Angriff auf größere Lebewesen benutzt wurde. Nur wenn ein Sägerochen gefangen wird und um sich schlägt, stellt die Säge eine ernste Gefahr dar. Sägerochen werden von Tauchern praktisch kaum gesehen, da sie in trübem Wasser leben.

Sägerochen sind lebendgebärend; die Jungtiere haben bereits im Mutterleib ein Rostrum, das aber noch elastisch ist. Die größte Art erreicht eine Länge von 6 m, aber auch hier sind sich die Experten offensichtlich nicht einig, denn nach anderen Angaben sind es sogar 10 m Maximallänge. Die Tiere leben in Küstengewässern, im Brackwasser und im Süßwasser und kommen in tropischen, subtropischen und gemäßigten Meeren vor.

Zitter- und Torpedorochen

Verbreitung

Weltweit in tropischen bis kalten Meeren; auch im Mittelmeer. Eine Art kommt in der Nordsee vor.

Symptome

Schmerz wie bei einem Stromschlag. Für Gesunde nicht gefährlich, Kammerflimmern bei Herzkranken möglich.

Erste Hilfe

Normalerweise nicht nötig. In seltenen Fällen können Wiederbelebungsmaßnahmen erforderlich werden.

Spezifische Therapie

EKG-Kontrolle. Defibrillation bei Kammerflimmern.

Zitter- und Torpedorochen haben lange vor dem Menschen die Elektrizität »erfunden« und sie sich zur Abwehr von Feinden und zum Betäuben oder Töten von Beutetieren nutzbar gemacht. Sie besitzen im Rücken ihrer kräftigen Körperscheibe paarig angeordnete, nierenförmige Elektroorgane, die sich aus Kiemenmuskeln entwickelt haben. Dieser ungewöhnliche »Generator« besteht aus zahlreichen elektrischen Platten (umgebildete Muskelfasern). Die elektrische Energie hängt von der Anzahl der Platten ab und kann bis 220 Volt, bei einer anderen Art bis 1 Ampere betragen. Für Herzkranke kann dieser Stromschlag unter Umständen schon gefährlich sein.

Der in den Flüssen Südamerikas lebende Zitteraal kann eine wesentlich höhere Stromstärke und -spannung erzeugen als der Zitterrochen.

Wichtig! Werden Zitterrochen von Tauchern zu sehr belästigt, versuchen sie, mit dem Elektroorgan den Angreifer zu treffen. Dabei scheuen sie sich nicht, einen Salto zu schlagen. In den meisten Fällen kommt man mit dem Schrecken davon.

Zitterrochen kann man von anderen Rochen an der Schwimmweise unterscheiden: Sie bewegen sich nicht durch Wellenbewegungen der Säume ihrer Körperscheibe vorwärts, sondern schwimmen mit seitlichen Schwanzschlägen. Auffallend sind auch die beiden Rückenflossen, die sich meist hinter der Körperscheibe auf dem kräftigen Schwanz befinden. Sie werden beim Ruhen zusammen mit der Schwanzflosse seitlich flach umgelegt, so daß sie nicht aus dem Sand ragen, wenn die Tiere sich eingegraben haben.
Im Gegensatz zu den Stechrochen besitzen Zitterrochen nur sehr kleine Zähne und verschlingen ihre Beute in einem Stück. Sie ernähren sich hauptsächlich von kleinen Fischen und Krebsen.
Zitterrochen sieht man im Meer relativ selten, weil die küstenbewohnenden Arten die meiste Zeit des Tages im Sand eingegraben sind. Einige Arten leben im offenen Meer, oft in großer Tiefe bis 2 500 m. Meistens sind sie 30–50 cm lang, doch die größte Art wird 1,8 m und kann 90 kg erreichen.

Zitter- oder Torpedorochen besitzen im Rücken Elektroorgane, mit denen sie elektrische Schläge austeilen können. Für einen gesunden Menschen ist der Stromschlag nicht lebensgefährlich.

Knochenfische

Fast alle Knochenfische besitzen Stacheln in der 1. Rückenflosse, der Bauchflosse und der Afterflosse; auch die als harmlos bekannten Arten. Korallenwelse haben einen Stachel in jeder Brustflosse. Andere Familien besitzen Stacheln am Kopf oder nach hinten gerichtete Kiemendeckelstacheln, die bei manchen Arten sehr lang sein können. Einige wenige Arten der Familie Feilenfische tragen Stacheln seitlich am Körper. Die meisten Stacheln besitzt der Igelfisch, dessen Kopf und Körper durch viele Stacheln geschützt sind. Die Stacheln sind bei den meisten Arten nicht giftig, und alle, die über Giftstacheln verfügen, werden im folgenden gesondert aufgeführt.

Wichtig! Die Stacheln der Knochenfische dienen bei allen Arten nur der Verteidigung. Bei richtigem Verhalten kann man sich daran nicht verletzen, doch jede Berührung kann zu schmerzhaften Stichverletzungen führen. Das Bedürfnis, Tiere streicheln zu wollen, ist bei Fischen unangebracht.

Einige Familien der Knochenfische besitzen Hautschleimdrüsen an den Flossen. Diese Drüsen produzieren ein leicht toxisches Sekret, das bei einer Stichverletzung in die Wunde gelangen kann. Auch wenn es zu keiner nachweisbaren Vergiftung kommt, sind diese Stiche oft sehr schmerzhaft. Bei Verletzungen sollte man die Wunde desinfizieren und einen Verband bzw. ein Pflaster anlegen.

Der längste Knochenfisch ist der Riemenfisch mit einer Länge von 7 m und 125 kg Gewicht; man nimmt an, daß die größten Exemplare dieser Familie (Regalecidae) bis 10 m lang werden. Der Name leitet sich von der band- oder riemenartigen Form des Fisches ab. Der sehr schlanke Körper ist fast über die ganze Länge etwa 50 cm hoch. Erst 1996 wurde bei San Diego, Kalifornien, das erste Exemplar dieses sagenumwobenen Fisches gefangen. Diese Art wurde lange Zeit für ein Meeresungeheuer oder auch für eine riesige Seeschlange gehalten.

Nicht so lang, aber wesentlich schwerer kann der Zackenbarsch werden, der im Verdacht steht, in der Südsee Perlentaucher verschlungen zu haben. Der Riesen-Zackenbarsch *(Epinephelus lanceolatus)* kann über 3 m lang werden und 550 kg erreichen. Er hat wahrscheinlich den größten Schlund im ganzen Tierreich, denn er kann seine Beute nicht zerkleinern und verschlingt sie in einem Stück. Außerdem können große Raubfische beim Verzehr für den Menschen sehr giftig sein, da sie am Ende der Nahrungskette stehen und die Giftstoffe ihrer Beutetiere speichern. Nicht ganz so giftig sind Knochenfische, die sich vegetarisch ernähren. Sie nehmen mit der Nahrung gelegentlich giftige Einzeller auf und speichern deren Gift im Körper; das Gift schadet ihnen aber nicht, da sie dagegen resistent sind.

Der Riesen-Zackenbarsch *(Epinephelus lanceolatus)* wird 3 m lang und bis 400 kg schwer. Er wird verdächtigt, im Pazifik Perlentaucher verschlungen zu haben. Beweise gibt es dafür nicht.

Muränen

Verbreitung

In allen tropischen bis gemäßigten Meeren; auch im Mittelmeer.

Symptome

Bißverletzungen oft nur einseitig von den Zähnen des Oberkiefers. Beim Verzehr sind Vergiftungen durch Ciguatera nicht auszuschließen.

Erste Hilfe

Wunde desinfizieren.

Spezifische Therapie

Adäquate Wundbehandlung; auf Sekundärinfektion achten.

Muränen hatten schon einen schlechten Ruf, bevor Schnorcheln und Tauchen populär wurden. Alles was einer Schlange ähnelt, verkörpert in unseren Augen das Böse. Dazu kommt, daß die meisten Muränenarten über ein furchterregendes Gebiß verfügen und sich heftig zur Wehr setzen, wenn sie gefangen oder angegriffen werden. Aber welches Lebewesen läßt sich schon töten, ohne den Versuch zu unternehmen, seinem Peiniger durch einen Gegenangriff zu entkommen?

Lange Zeit hieß es, daß ein Muränenbiß giftig sei; die Tiere haben aber keine Giftzähne wie Seeschlangen. Auch die Theorie, sie besäßen ein giftiges Drüsengewebe im Maul, wurde nach vielen Untersuchungen an der Mittelmeer-Mu-

räne wieder verworfen. In den letzten Jahren wurden einige Menschen gebissen, die eindeutige Vergiftungssymptome zeigten. Die Schmerzen waren heftig und gingen weit über das Maß einer mechanischen Bißverletzung hinaus: In einem Fall wurde ein Mann von einer Muräne *(Gymnothorax ocellatus)* in die Hand gebissen, und die Schmerzen strahlten bis zur Achsel aus. Er wurde in ein Krankenhaus gebracht, und bevor er untersucht werden konnte, waren die Schmerzen schon wieder im Abklingen. Es konnte bis jetzt kein Gift nachgewiesen werden, doch sprechen alle Anzeichen für eine Giftwirkung. Die meisten bekannten Fälle mit einer ähnlichen Wirkung sind bei atlantischen Muränenarten der Gattung *Gymnothorax* aufgetreten, die ein gemeinsames Merkmal aufweisen: Sie besitzen Zähne mit gesägten Kanten.
Im Atlantik gibt es folgende Arten:
G. conspersus, G. kolpos, G. nigromarginatus, G. ocellatus und *G. saxicola.*
In anderen Gebieten: *G. albimarginatus* (Midway Inseln) und *G. chlamydatus* (Philippinen).
Muränen stehen am Ende der Nahrungskette und können ciguatoxisch sein (siehe Ciguatoxin, Seite 138). Die schuppenlose Haut der Muränen ist durch ein giftiges Sekret gegen Parasitenbefall geschützt, das beim Verzehr zu Vergiftungserscheinungen führen kann. Außerdem ist das Blut der Muränen toxisch; dieses Gift ist aber thermolabil und wird durch Erhitzen deaktiviert.

Die Riesenmuräne *(Gymnothorax javanicus)* ist zwar mit 2,2 m Länge nicht die längste Muränenart, aber sie hat das größte Körpervolumen. Sie ist im tropischen Indopazifik sehr häufig.

Wichtig! Beim Tauchen und Schnorcheln sollte man niemals in eine Höhle oder Spalte greifen, sie könnte »geladen« sein. Muränen sind gewöhnlich friedlich, beißen aber, wenn sie sich angegriffen fühlen, also nur, wenn sie gefangen oder in die Enge getrieben werden. Angeblich sollen manche Arten in flachem Wasser beißen, wenn ihnen der Rückweg in tieferes Wasser abgeschnitten wird. Begegnet man der gleichen Art in tiefem Wasser, ist sie nicht aggressiv, weil sie sich nicht bedroht fühlt.
Wenn man von einer Muräne gebissen wird, darf man nicht ziehen, da sie den Biß wegen ihrer nach hinten gerichteten Zähne nicht lösen kann. Reißt man zu kräftig, werden die Einstichstellen aufgeschlitzt. Die Zähne dienen zum Halten der Beute, Muränen können damit aber kein Fleisch abtrennen und müssen den Biß wieder lösen.

Die Gelbmaul-Muräne *(Gymnothorax nudivomer)*, bis 1,8 m lang, hat ihren Namen von der leuchtend gelben Maulinnenseite. Diese Art kommt im Roten Meer relativ häufig vor.

Erfahrene Taucher wissen seit langem, daß Muränen sehr friedlich sind, und füttern sie. Dadurch verändert sich aber das natürliche Verhalten dieser Fische, und sie jagen nicht mehr selbst. Ich bekenne mich schuldig, daß ich diesen Fehler vor vielen Jahren auch gemacht habe und deshalb einige versehentliche Bisse in Kauf nehmen mußte. Besonders gefährlich ist es, wenn man sich verletzt hat und blutet. Wenn angefütterte Muränen sehr hungrig sind, schwimmen sie auf die Taucher zu und schnappen im Extremfall nach allem, was nach Futter riecht oder aussieht. Versehentliche Bisse kommen bei solchen Tieren relativ häufig vor, und die Wunden heilen wegen der Sekundärinfektion oft schlecht.

Die Bart-Muräne *(Gymnothorax breedeni)* wird nur 65 cm lang; sie ist aber die aggressivste Art, wenn man in die Nähe ihres Höhleneinganges kommt.

Schwarztupfen-Muränen sind relativ schlank, können aber 1,8 m Länge erreichen. Sie sind nur in wenigen Gebieten anzutreffen. Bei vorsichtiger Annäherung sind sie nicht aggressiv.

Muränen besitzen keine Kiemendeckel wie die meisten anderen Knochenfische und müssen das Atemwasser mit »Beißbewegungen« durch die Kiemen pumpen. Das wird oft als Drohung gedeutet, ist aber vielmehr ein Zeichen dafür, daß die Tiere nicht beunruhigt sind. Wenn Muränen sich bedroht fühlen, reißen sie das Maul weit auf und verharren in dieser Stellung, bis die Gefahr vorüber ist.

Von den etwa 200 Arten sind die meisten sehr klein und werden deshalb von Tauchern oder Schnorchlern kaum gesehen. Muränen sind vorwiegend nacht- und dämmerungsaktiv und leben am Tag zurückgezogen in kleinen Höhlen und Spalten, gelegentlich schaut ihr Kopf aus dem Versteck. Selten sieht man Muränen frei schwimmen, wenn sie dicht über dem Grund von einem Korallenblock zum anderen huschen. Mit ihren schlängelnden Bewegungen gehören sie nicht zu den schnellsten Schwimmern.

Muränen sind meist einzeln anzutreffen, kommen aber als Jungtiere in Gruppen vor. Gelegentlich findet man zwei verschiedene Arten zusammen in einer Höhle. Große Muränen haben mehrere Stammplätze, die bis 200 m auseinander liegen können; diese Plätze werden in unregelmäßigen Abständen gewechselt.

Das Geruchsorgan der Muränen ist sehr gut entwickelt; ihre Nasenöffnungen besitzen Riechröhrchen, mit denen sie eine Geruchsrichtung besser orten können. Dafür sehen sie sehr schlecht. Wahrscheinlich können die Tiere aber gut hören. Bei einem Nachttauchgang konnte ich beobachten, wie eine Marmor-Muräne *(Gymnothorax undulatus)* die Witterung eines am Boden schlafenden Riffbarsches aufnahm. Die Muräne näherte sich, bis ihre Riechröhrchen nur etwa 1–2 mm vom Körper des Riffbarsches entfernt waren. Sie ging wieder ein kleines Stück zurück und riß das Maul auf, um die Beute zu ergreifen. In diesem Moment erwachte der Riffbarsch und schwamm schlaftrunken nur wenige Zentimeter von seinem Schlafplatz weg. Die Muräne schnappte zu, aber ins Leere, nämlich dahin, wo der Riffbarsch vorher gelegen hatte. Trotz des Lichtes der Tauchlampe konnte die Muräne nicht sehen, daß sich der Riffbarsch eine kurze Strecke entfernt hatte. Muränen verlassen sich bei der Jagd wahrscheinlich nur auf ihren Geruchsinn.

Die größte Muräne – jedenfalls was das Volumen betrifft – ist die **Riesenmuräne** *(Gymnothorax javanicus)*, die man in den meisten Gebieten des Indopazifischen Ozeans und im Roten Meer sehr häufig antrifft. Sie wird bis 2,3 m lang und ist in der Regel friedlich, doch muß man bei frei schwimmenden Exemplaren einkalkulieren, daß sie durch bestimmte Umstände wie z. B. Paarungsverhalten erregt sein können.
Die längste Muränenart ist die **Riesen-Deltamuräne** *(Strophidon sathete)*. Sie wird bis 4 m lang, ist aber sehr schlank und wird von Tauchern oder Schnorchlern praktisch nie gefunden, da sie in Mangrovengebieten lebt.
Im Roten Meer sind die **Gelbmaul-Muräne** *(Gymnothorax nudivomer;* 1,8 m) und die **Weiße Muräne** *(Siderea grisea;* 65 cm) sehr häufig. Die **Rußkopf-Muräne** *(Gymnothorax flavimarginatus;* 1,2 m) ist bei den Malediven oft anzutreffen, in Asien die **Weißaugen-Muräne** *(Siderea thyrsoidea;* 65 cm), in Ostafrika die **Große Netzmuräne** *(Gymnothorax favagineus;* 2,5 m), bei den Seychellen die **Weißmaul-Muräne** *(Gymnothorax meleagris;* 1,2 m) und in der Karibik die **Grüne Muräne** *(Gymnothorax funebris;* 2,3 m).
Besonders sei noch auf die **Bart-Muräne** *(Gymnothorax breedeni;* 65 cm) hingewiesen, die sehr aggressiv reagiert und beißfreudig ist, wenn man sehr nahe an ihr Versteck kommt. Sie ist ebenfalls auf den Malediven häufig.

Die Gelbkopf-Muräne *(Gymnothorax fimbriatus)* wird bis 80 cm lang. Sie droht mit weit aufgerissenem Maul, wenn man ihr zu nahe kommt, besonders wenn ihr der Rückzug versperrt ist.

Korallenwelse

Verbreitung

Welse sind weltweit in allen Gewässern verbreitet.

Symptome

Stichverletzung mit lokalen Schwellungen und stechenden Schmerzen, die ausstrahlen und lang anhalten können. Ein 3 cm langes Jungtier verursacht Schmerzen wie der Stich einer Biene. Die Wunden heilen oft schlecht.

Erste Hilfe

Extremität ruhigstellen. Keine Heißwasserbehandlung (siehe Giftstiche, Seite 158).

Spezifische Therapie

Symptomatisch. Analgosedierung, Lokalanästhesie.

Korallenwelse besitzen 3 Giftstacheln, die bei Gefahr aufgestellt werden und in der 1. Rückenflosse vorn und jeweils in den Brustflossen oben liegen. Die Stacheln haben eine gesägte Kante, aber keine Giftkanäle wie die Stacheln der Steinfische. Es kann also nur relativ wenig Gift in die Wunde gelangen.
Die Giftdrüsen liegen an der Basis der Stacheln, die Giftwirkung ist für einen gesunden Menschen nicht lebensgefährlich. Es handelt sich wahrscheinlich um ein Proteingift, dessen Zusammensetzung nicht bekannt ist.
Korallenwelse sind sehr friedlich, und wenn man nicht versucht, sie zu fangen, geht von ihnen keine Gefahr aus. Von sich aus nähern sich diese Fische dem Menschen nicht. Unfälle mit Tauchern sind bisher nicht bekanntgeworden. Es besteht auch nicht die Gefahr, daß man auf sie tritt, da sie nicht auf dem Grund ruhen. Gefährdet sind nur Personen wie Fischer und Aquarianer,

Korallenwelse sind die einzigen Meeresfische, die auch an den Brustflossen giftige Stacheln besitzen. Das Gift verursacht starke Schmerzen. Wer sie nicht fängt, hat nichts zu befürchten.

die mit diesen Fischen hantieren. Verletzungen sind fast nur an den Händen möglich und können deshalb relativ leicht behandelt werden.
Korallenwelse rotten sich aus Mangel an Versteckmöglichkeiten zu Schutzgemeinschaften zusammen und bewegen sich gelegentlich recht ungewöhnlich vorwärts. Dabei schwimmen die oben befindlichen Tiere nach vorn und dann zum Boden und die hinteren nach oben, so daß der Eindruck einer »rollenden Kugel« entsteht. Dieser Ball aus Fischkörpern kann einen Durchmesser von fast 1 m erreichen, ist aber meistens kleiner.
Korallenwelse sind mit den Welsen des Süßwassers nahe verwandt, von denen es etwa 2400 Arten gibt. Wie alle Welsarten besitzen sie 8 Barteln, die in trübem Wasser als Tastorgane dienen.
Es sind aber nur wenige im Meer lebende Welsarten bekannt. Jungtiere des Streifen-Korallenwelses *(Plotosus lineatus)* sind in manchen Gebieten sehr häufig im Flachwasser über Sandgrund oder in Seegraswiesen anzutreffen. Es ist die einzige Art, die man in manchen tropischen Gebieten häufig sehen kann. Erwachsene Korallenwelse sind sehr selten zu sehen, da sie sehr versteckt leben, meist an geschützten Stellen unter Überhängen oder in Wracks.

Skorpionsfische

Verbreitung

Tropische bis kalte Meere.

Symptome

Nur wenn Gift injiziert wird, sind sofort brennende oder pochende Schmerzen spürbar, die stundenlang anhalten können. Einstichstelle rot und geschwollen. Blutdruckabfall.

Skorpionsfische und Drachenköpfe haben ein perfektes Tarnkleid und fliehen kaum. Man sollte deshalb immer genügend Abstand zum Grund halten und nichts anfassen.

Erste Hilfe

Patient beruhigen, Extremität ruhigstellen. Arzt verständigen. Keine Heißwasserbehandlung, das Gift kann im Gewebe nicht mehr denaturiert werden. Trockene Kompressen bis maximal 45 °C wirken bei manchen Patienten schmerzlindernd. Weitere Hinweise siehe Text .

Spezifische Therapie

Kein Antidot bekannt. Symptomatische Therapie. Lokal- oder Leitungsanästhesie, Analgosedierung.

Zur Familie der Skorpionsfische gehören auch die Unterfamilien Steinfische, Teufelsfische und Feuerfische, die separat behandelt werden.
Alle Skorpionsfische sind mit Giftstacheln ausgestattet, die sie allerdings nur zur Verteidigung einsetzen. Die Giftstacheln befinden sich in der 1. Rückenflosse (12–14), den Bauchflossen (je 1) und der Afterflosse (3). Viele Arten haben auch Stacheln am Kopf, die aber relativ kurz und deshalb weniger gefährlich sind. Skorpionsfische haben eine sehr kurze Fluchtdistanz, so daß die Gefahr besteht, daß ein Taucher, Schnorchler oder Badender auf den Fisch tritt oder ihn anfaßt, weil er aufgrund seiner perfekten Tarnung für einen algenbewachsenen Stein gehalten wird.
Bei Gefahr richten die Skorpionsfische ihre Stacheln auf. Tritt man auf sie oder faßt sie an, injiziert man sich durch die eigene Kraft das Gift. Meistens weichen sie jedoch in letzter Sekunde aus, wenn man sie übersehen hat.
Die Stacheln in den Flossen haben an den Außenseiten je eine tiefe Rinne, in denen die Giftdrüsen liegen. Der Giftap-

Der Buckel-Drachenkopf *(Scorpaenopsis diabolus)* wird oft für einen Steinfisch gehalten, ist aber an seinem hohen Buckel gut zu erkennen. Wenn er am Boden ruht, ist er gut getarnt...

parat wird durch eine Haut geschützt, die den ganzen Stachel umgibt. Beim Einstich wird die Haut zurückgeschoben, und durch den Druck auf die Drüsen fließt das Gift in relativ großen Mengen an der Stachelspitze in die Wunde. Es handelt sich um ein wirksames Proteingift, das starke Schmerzen verursacht. Die genaue Zusammensetzung des Giftes ist nicht bekannt, so daß noch keine Antiseren entwickelt werden konnten.

Von der bisher angewandten Heißwassermethode zur Inaktivierung des Eiweißgiftes ist abzuraten, weil sich das Gift im Körper dadurch zu schnell verteilt. Außerdem wird der Patient zusätzlich belastet, und oft sind die Folgen der Verbrennungen schlimmer als die Giftwirkung.

Damit sich das Gift langsam verteilt und vom Organismus besser abgebaut werden kann, muß die betroffene Extremität ruhiggestellt werden, darf aber nicht abgebunden werden. Jede Anstrengung und Hektik schadet dem Patienten und ist zu vermeiden. In jedem Fall ist ärztliche Hilfe notwendig, um die Spätfolgen möglichst gering zu halten.

...Wenn er aufgeschreckt wird, zeigt er die Innenseiten der Brustflossen mit auffälligen Warnfarben.

Skorpionsfische besitzen keine Schwimmblase und können deshalb nicht ausdauernd schwimmen, da sie zuviel Energie für den Auftrieb benötigen. Sie sind Lauerräuber, die die meiste Zeit reglos darauf warten, daß ihnen unaufmerksame Beutetiere nahe genug vor das Maul schwimmen. Durch das schnelle Öffnen des Maules entsteht ein Unterdruck, der die Beute einsaugt. Die Opfer werden nicht mit den Zähne zerkleinert, sondern in einem Stück verschlungen. Aufgrund ihrer Reglosigkeit und ihrer dem Boden angepaßten Färbung werden sie von Tauchern und Schnorchlern selten gesehen, sind aber relativ häufig. Skorpionsfische werden sehr oft fälschlich für Steinfische gehalten, da fast alle Ähnlichkeit mit einem algenbewachsenen Stein haben.

Viele Skorpionsfischarten besitzen am Unterkiefer Barteln, die meistens verzweigt sind und die Kopfkonturen auflösen. Auch an der Stellung des Schwanzes kann man die Skorpionsfische erkennen: Sie liegen meistens mit gestrecktem Schwanz auf dem Grund. Nur der Buckel-Drachenkopf krümmt den Schwanz hakenförmig wie die Stein- und Teufelsfische. Er variiert zwar in der Färbung sehr, ist aber an dem relativ hohen Buckel hinter dem

Kopf zu erkennen. Bei Annäherung zeigt er die Innenseiten der Brustflossen mit deutlichen Warnfarben, wie der Teufelsfisch, der aber zusätzlich noch Warnfarben durch das Spreizen der Schwanzflosse zeigt. Viele Arten haben eine rötliche Pupille, die von einem gebänderten Ring umgeben ist. Ein weiteres Merkmal ist die Mundspalte, die immer schräg nach oben gerichtet ist, aber nie vertikal wie beim Steinfisch verläuft.

Im Indopazifik kommt der Fransen-Drachenkopf *(Scorpaenopsis oxycephalus)* häufig vor. Es gibt viele ähnliche Arten, die sehr schwer zu unterscheiden sind: Fetzen-Drachenkopf *(Scorpaenopsis venosa)*, Papua-Drachenkopf *(Scorpaenopsis papuensis)* und Bart-Drachenkopf *(Scorpaenopsis cirrhosa)*. Auch den Buckel-Drachenkopf *(Scorpaenopsis diabolus)* kann man im Indopazifik oft sehen. Sehr ähnlich ist der im Pazifik lebende Glotzaugen-Drachenkopf *(Scorpaenopsis macrochir)*.

In der Familie der Skorpionsfische finden sich einige ausgefallene Vertreter: Der Schaukelfisch *(Taenianotus triacanthus)* hat eine ungewöhnliche Verhaltensweise, er tarnt sich durch die Nachahmung eines im Schwell schaukelnden Blattes. Dieser nur 10 cm lange Fisch ist hochrückig und hat einen sehr schlanken, blattähnlichen Körper. Nähert man sich ihm, läßt er sich zur Seite umfallen und schaukelt, auch aktiv, wenn keine Wasserbewegung vorhanden ist. Weitere Kuriositäten sind der Tentakel-Drachenkopf *(Rhinopias frondosa)* und der Algen-Drachenkopf *(Rhinopias aphanes)*, die mit vielen langen Tentakeln übersät sind und Algenbüschel nachahmen.

Skorpionsfische können blitzschnell die Farbe des Untergrundes annehmen. Hier wird die Farbe des Schwammes nachgeahmt, obwohl Rottöne unter Wasser nicht zu sehen sind.

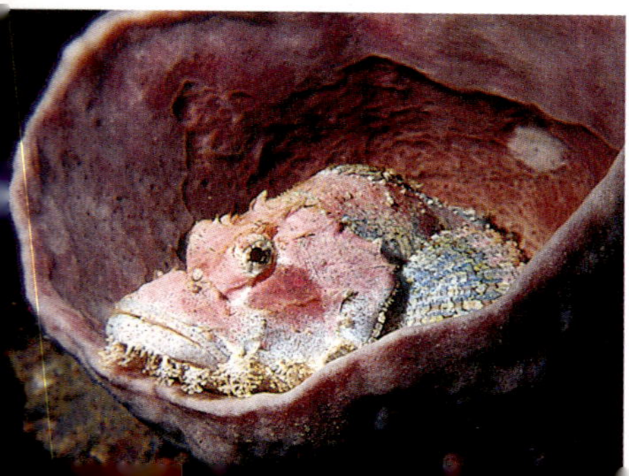

Steinfische

Verbreitung

Tropischer Indopazifik vom Roten Meer bis Polynesien; auch im Brackwasser.

Symptome

Nach Giftinjektion sind sofort brennende Schmerzen spürbar, die unerträglich sein können und lang anhalten; Betroffene schlagen um sich oder werden ohnmächtig.

Erste Hilfe

Wie Skorpionsfische (siehe Seite 104).

Spezifische Therapie

Wie Skorpionsfische. Gegebenenfalls Intensivmaßnahmen. Antidot in Australien erhältlich. Es ist thermolabil und in tropischen Gebieten nur sehr schwer sicher zu lagern.

Steinfische sind sehr gefürchtete Fische, die sich auf ihre gute Tarnung und ihr wirksames Giftwaffenarsenal verlassen, das aus 12 –14 kräftigen Giftstacheln in der 1. Rückenflosse besteht. Die Stacheln sind mit einer dickfleischigen Haut überzogen, unter der jeweils 2 große Giftdrüsen geschützt in seitlichen Rinnen des Stachels liegen. Außerdem besitzen Steinfische 3 Stacheln in der Afterflosse und je 2 in den Bauchflossen, über deren Gefährlichkeit keine einheitliche Meinung besteht.

Wichtig! Die Giftstacheln der 1. Rückenflosse sind beim Steinfisch besonders kräftig und die Giftdrüsen sehr groß. Sie können große Mengen Gift injizieren. Je größer die Kraft ist, mit der ein Steinfisch angefaßt oder getreten wird, um so mehr Gift dringt in die Wunde ein. Menschen mit einem schnellen Reaktionsvermögen können unter Umständen bei der ersten Schmerzempfindung eine größere Giftinjektion verhindern. Steinfische verlassen sich auf ihre perfekte Tarnung und fliehen nicht; das macht sie so gefährlich. Der beste Schutz ist, jeden Bodenkontakt zu vermeiden.

Ein wirksames Antiserum ist unter dem Namen »Stonefish antivenom« (CSL, Parkville, Australien) lieferbar. Es ist aber thermolabil und deshalb in tropischen Gebieten kaum zu lagern. Die Temperatur muß konstant zwischen 0–5 °C liegen und das Mittel darf nicht gefrieren. Das Serum muß so schnell wie möglich nach dem Unfall um die Einstichstelle herum injiziert werden, damit der gewünschte Erfolg eintritt.

Steinfische haben praktisch keine Fluchtdistanz, sie lassen sich anfassen, ohne zu fliehen. Ihre warzenförmigen Hautdrüsen produzieren ein klebriges Sekret, an dem Algen haften und wachsen. Die Algen tragen zu der hervorragenden Tarnung bei. Manchmal kann man beobachten, daß Algenfresser wie Doktorfische den Algenbewuchs vom Körper eines Steinfisches abweiden. Wenn sie als Beutefische für den Steinfisch zu groß sind, macht er sich durch Bewegungen bemerkbar, bevor sein »Tarnanzug« vollständig abgefressen wird.

Die perfekte Tarnung macht Steinfische für unaufmerksame Taucher gefährlich, die keinen Abstand zum Grund halten. Auch die Durchquerung der Flachwasserzone stellt für Menschen eine Gefahr dar, weil Steinfische in geschützten Gebieten gelegentlich auch im flachen Wasser zu finden sind. Badeschuhe sind kein sicherer Schutz, da die Stacheln kräftig genug sind, um die Sohle zu durchdringen. Man sollte so wenig wie möglich im Flachwasser laufen und sich auf Sandgrund einen schlurfenden Gang angewöhnen. Bei Brandung oder schon bei relativ geringem Wellengang verlassen die Steinfische fast immer die Flachwasserzone oder ziehen sich in ihr Versteck zurück, um nicht dem Wellengang ausgesetzt zu sein.

Besonders gefährlich sind Steinfische, die sich zur Tarnung tief im Sand eingegraben haben. Wenn man sich ihnen von oben bis auf wenige Zentimeter genähert hat, katapultieren sie sich mit aufgerichteten Giftstacheln aus dem Sand, damit sie nicht »lebendig begraben« werden. Sie können sich so tief im Sand eingraben, daß ihre höchste Stelle tiefer als die sie umgebende Sandfläche ist (siehe Foto unten); man kann sie dann nur durch Zufall entdecken. Von geübten Beobachtern ist bestenfalls der »Reißverschluß« des Maules zu erkennen, bei manchen Arten auch die Augen. Das Auge des Echten Steinfisches *(Synanceia verrucosa)* ist besser getarnt als das anderer Steinfischarten. Tödliche Unfälle sind sehr selten und kommen fast nur vor, wenn man auf die Tiere tritt und große Mengen Gift injiziert werden. Taucher, die sich mit »Fingerspitzengefühl« in einem Riff bewegen, sind weniger gefährdet als andere.

Alle Steinfische haben einen unproportional großen, breiten Kopf; die Augen befinden sich an der Oberseite. Ihr Maul ist vertikal nach oben oder sogar schräg nach hinten gerichtet, was, abgesehen vom Himmelsgucker, bei keinem Fisch im Korallenriff, zu finden ist. Auffallend sind auch der hohe massige Körper und die überdimensionierten, fleischigen Brustflossen, die diesen schlechten Schwimmern gewisse Segeleigenschaften verleihen. Damit die Symmetrie ihrer Körperform »unsichtbar« wird, krümmen die Steinfische ihren Schwanz und Hinterkörper hakenförmig ein. In Abständen von Monaten häuten sie sich und werfen damit ihren Bewuchs und die Hautparasiten ab.
Steinfische sind vorwiegend nachtaktiv und am Tag meistens in Höhlen versteckt. Sie kommen in der Dunkelheit aus ihrem Versteck und lauern in der Morgendämmerung auf Beutetiere.

Echter Steinfisch *(Synanceia verrucosa)*, bis 38 cm lang. Es ist für Taucher gefährlich, sich auf Sandgrund zu knien, da sich die Tiere bis zu den Augen eingraben und kaum zu sehen sind...

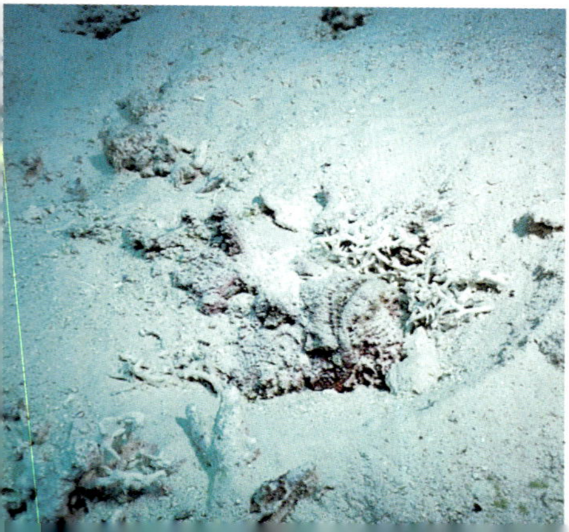

...Nähert sich etwas von oben, schnellen sie sich aus dem Sand und versuchen den »Angreifer« mit ihren aufgerichteten Giftstacheln zu treffen. Diese Verletzungen sind sehr schmerzhaft.

Der Warzen-Steinfisch *(Synanceia horrida)* lebt vorwiegend in trüben Küstengewässern, auch in Brackwasser- und Mangrovengebieten. Er wird von Fischern sehr gefürchtet.

Würde ein Steinfisch sein Versteck erst am Tag verlassen, könnten die in diesem Territorium lebenden Fische ihn durch seine Bewegungen erkennen und seine Nähe meiden. Die Wahrscheinlichkeit, einen zufällig vorbeikommenden Fisch zu erbeuten, ist sehr gering, da nomadisierende Fische selten sehr nahe am Riff schwimmen. Die Steinfische müssen deshalb schon reglos auf ihrem Posten liegen, bevor der Tag graut. Wahrscheinlich verlassen sie ihren Lauerposten erst, wenn sie bei der Jagd erfolgreich waren. Erbeuten sie keinen Fisch, sieht man sie gelegentlich auch am Tag in einem Riff liegen.
Kommt ein unerfahrenes Beutetier nahe genug vor das Maul des Steinfisches, wird es durch schnelles Aufreißen des Maules und den dadurch entstehenden Unterdruck eingesogen. Aufgrund ihrer Trägheit ist es Steinfischen nicht möglich, eine potentielle Beute zu verfolgen.
Fast jede erfolgreiche Jagd des Steinfisches löst in dem Riff das »Mobbing« aus, eine Reaktion der anderen Riffbewohner, die den Steinfisch als Feind erkannt haben. Um den Steinfisch herum herrscht helle Aufregung, als wenn die Tiere ihrer Empörung Luft machen. Alle in der Nähe befindlichen Fische sehen sich ihren Feind aus nächster Nähe genau an und scheinen damit unerfahrene Fische auf ihn aufmerksam machen zu wollen. Der Steinfisch, der nur durch

das »Nichterkanntwerden« an Beute gelangen kann, versteckt sich – so schnell es seine Trägheit erlaubt – im nächstbesten Unterschlupf, um dem Mobbing zu entgehen. Das ist eine der interessantesten Beobachtungen, die man in einem Korallenriff machen kann.

Teufelsfische

Verbreitung

Tropischer Indopazifik, vom Roten Meer bis zum Westpazifik.

Symptome

Nach Giftinjektion sofort brennende Schmerzen.

Erste Hilfe

Wie Skorpionsfische (siehe Seite 104).

Spezifische Therapie

Wie Steinfische (siehe Seite 106). Die Giftwirkung von Teufels- und Steinfischen ist ähnlich, jedoch kein Antidot bekannt.

Teufelsfische sind nahe Verwandte der Steinfische und bilden wie diese eine Unterfamilie der Skorpionsfische. Auch sie besitzen 12–18 giftige Stacheln in der 1. Rückenflosse, 2 weitere Stacheln befinden sich in der Afterflosse. An den Stacheln der Bauchflossen befinden sich keine Giftdrüsen. Die Rückenflossenstacheln sind sehr lang, aber nicht bei jedem Stich gelangt Gift in die Wunde. Die chemische Zusammensetzung des Proteingiftes ist bis jetzt nicht bekannt; es verursacht sehr starke Schmerzen. Unachtsame Taucher laufen bei Bodenkontakt Gefahr, sich an einem Teufelsfisch zu stechen, Badende können im Flachwasser auf ihn treten. In geschützten Buchten kommen Teufelsfische schon in 50 cm Wassertiefe vor. Sie graben sich teilweise im Sand ein und zeigen bei Annäherung ihre Warnfarben, fliehen aber nicht. Mit einer Tauchbrille kann man sie rechtzeitig erkennen und entsprechend reagieren. Wir müssen uns also nicht vor dem Teufelsfisch fürchten, sondern vor unserer Unachtsamkeit. Auch Unkenntnis kann schlimme Folgen haben, denn viele Taucher und Schnorchler wollen langsame oder ruhig sitzende Fische gern streicheln! Teufelsfische sind wesentlich zierlicher und kleiner als Steinfische. Hat man sie trotz ihrer hervorragenden Tarnung entdeckt, fallen ihre hohen Stielaugen auf,

Teufelsfische sind tag- und nachtaktiv und werden aufgrund ihrer perfekten Tarnung leicht übersehen. Das Gift ihrer Rückenflossenstacheln ist ähnlich gefährlich wie das der Steinfische.

Bei Annäherung richten Teufelsfische ihre Giftstacheln auf und zeigen durch Wenden der Brustflossen und Spreizen der Schwanzflosse deutliche Warnfarben, die auf ihre Giftigkeit hinweisen. Die freistehenden Strahlen der Brustflossen werden zum Kriechen benutzt und sind hier gut zu erkennen.

die auf Knochenwülsten stehen. Im Gegensatz zu den Stein- und Skorpionsfischen besitzen sie lange, mit Hautfetzen getarnte Rückenflossenstacheln, die unregelmäßig nach beiden Seiten umgelegt werden. Die 2 untersten Brustflossenstrahlen stehen frei und sind nicht durch Membranen verbunden; sie werden wie Klauen zum Vorwärtskriechen benutzt.

Teufelsfische sind, genau wie die Steinfische, sehr schlechte Schwimmer, die nur ungern ihren Standort wechseln. Sie können deshalb keine Beute jagen und müssen entsprechend gut getarnt sein, um ein Tier zu erbeuten. Durch ihre Färbung und bizarre Form sind sie von einem abgestorbenen Korallenstück kaum zu unterscheiden, der hakenförmig eingeschlagene Schwanz vervollkommnet ihre Asymmetrie. Der ganze Körper ist mit vielen Hautfetzen bedeckt. Im Gegensatz zu den Steinfischen sind Teufelsfische tagaktiv und gelangen durch langsames Kriechen über Sandflächen oder Geröll in das Territorium von Fischen, die diesen Räuber noch nicht kennen. Wegen ihrer langsamen Bewegungen werden sie nicht als gefährliche Raubfische erkannt, und Beutetiere, die nahe genug vor ihre Schnauze schwimmen, werden durch schnelles Öffnen des Maules eingesogen.

Wichtig! Kommt man einem Teufelsfisch zu nahe, zeigt er deutliche Warnfarben. Dazu dreht er die Innenseiten seiner Brustflossen nach außen und spreizt die Schwanzflosse; die grellen Farben weisen deutlich auf seine Gefährlichkeit hin.

Bei der im Roten Meer und Indischen Ozean lebenden Art kann man deutlich Filamente am zweiten Flossenstrahl der Brustflossen sehen, die ihr den wissenschaftlichen Namen *filamentosus* einbrachten.

Teufelsfische leben vorwiegend in geschützten Sand- oder Geröllzonen in der Nähe von Korallenstöcken! Alle Teufelsfischarten werden etwa 20 cm lang und sind an der Färbung und dem Muster der Innenseiten der Brustflossen zu identifizieren.

Rotfeuerfische kommen gelegentlich in Ansammlungen bis zu 12 Exemplaren vor. Werden sie in die Enge getrieben, greifen sie gezielt an und stechen mit ihren langen Giftstacheln zu.

Feuerfische

Verbreitung

Tropischer und subtropischer Indopazifik und Rotes Meer.

Symptome

Brennende Schmerzen bei Giftinjektion, die ausstrahlen. Schwellung. Blutdruckabfall.

Erste Hilfe

Wie Skorpionsfische (siehe Seite 104).

Spezifische Therapie

Wie Skorpionsfische (siehe Seite 104).

Feuerfische gehören ebenfalls zur Familie der Skorpionsfische und sind die einzige Unterfamilie, die kein ausgeprägtes Tarnverhalten zeigt. Zu den prächtigen Flossenstrahlen, die den Feuerfischen ihr typisches Aussehen verleihen, gehören 13 Giftstacheln in der 1. Rückenflosse, je 1 Giftstachel in den Bauchflossen und 3 Giftstacheln in der Afterflosse. Ihre majestätische Schwimmweise und anmutige Schönheit lassen leicht vergessen, wie gefährlich sie sein können, wenn man ihnen zu nahe kommt.

Wenn Feuerfische sich einem Taucher von selbst nähern, sind sie friedlich, aber man muß sich vorsehen, um sie nicht durch unkontrollierte Bewegungen zu erschreckt.

Aus unerklärlichen Gründen nehmen Rotfeuerfische in manchen Gebieten von Tauchern Futter an, obwohl sie normalerweise nur lebende Beute

Wichtig! Normalerweise weichen Feuerfische jeder Annäherung aus, doch wenn man sie in die Enge treibt, greifen sie an. Sie schnellen sich eine kurze Strecke vorwärts und stechen mit nach vorn gerichteten Giftstacheln gezielt zu. Das Gift ist sehr schmerzhaft, aber für einen gesunden Menschen kaum lebensgefährlich.

fressen. Oft schwimmen dann mehrere Rotfeuerfische auf einen Taucher zu und umkreisen ihn dicht, was bei schnellen Bewegungen unter Umständen gefährlich sein kann. Es ist deshalb von Fütterungen abzuraten, weil viele Tiere – einmal an Futter gewöhnt – aufdringlich werden und unerfahrene Taucher in Bedrängnis bringen können.

Die Giftstacheln der Feuerfische sind von einer Haut umgeben, die den Giftapparat schützt. Manche Arten haben an den Stacheln Flossensäume, so daß sie an die ungiftigen Flossenstrahlen der Brustflossen erinnern. Die Stacheln besitzen an den Außenseiten je eine Rinne, in denen die langen Giftdrüsen liegen. Beim Stich schiebt sich die schützende Haut zurück, und schon bei geringem Druck auf die Giftdrüsen fließt das Gift aus dem oberen Ende der Drüse an der Spitze des Stachels in die Wunde. Das macht sich durch heftiges Brennen und starke Schmerzen bemerkbar. Obwohl die genaue chemi-

Der Strahlen-Feuerfisch *(Pterois radiata)* ist ein scheuer Vertreter der Unterfamilie Feuerfische und zieht sich bei Annäherung in Verstecke zurück.

sche Zusammensetzung des Giftes noch unbekannt ist, weiß man, daß es sich um ein Protein handelt. Von der bisher angewendeten Heißwasserbehandlung ist dennoch abzuraten, da der Verunglückte zusätzlich mit Hautverbrennungen belastet wird, die oft schädlichere Folgen haben als die Giftwirkung.
Feuerfische können am Tag, wenn sie in Ruhestellung verharren, trotz ihrer auffälligen Färbung leicht übersehen werden. Doch wenn sie sich bewegen, fallen sie mit ihren stark verlängerten Flossenstrahlen auf. Genau diese Flossenstrahlen sind der Grund dafür, daß sie trotz ihrer langsamen Schwimmweise nicht auf eine gute Tarnung angewiesen sind. Sie haben damit eine erfolgreiche Jagdstrategie entwickelt: Die Flossen werden wie ein Sperrnetz eingesetzt und Beutefische in eine bestimmte Position getrieben, damit sie dann blitzartig eingesogen werden können. Gelegentlich kann man beobachten, daß mehrere Rotfeuerfische gemeinsam eine regelrechte Treibjagd auf Kleinfischschwärme veranstalten, sogar im Freiwasser.
Feuerfische halten sich am Tag vorwiegend im Schutz des Riffes auf, bevorzugt unter Überhängen; erst in der Dämmerung werden sie aktiv. Nur selten kann man sie am Tag einzeln im Freiwasser beobachten, wenn sie aus unerklärlichen Gründen hoch über dem Substrat schweben. Sie leben vorwiegend in Riffzonen bis 25 m Tiefe, kommen selten auch tiefer vor. Man trifft sie häufig in Wracks und an anderen geschützten Stellen.

Petermännchen

Verbreitung

Mittelmeer, Schwarzes Meer, Nordsee, östlicher Atlantik von Norwegen bis Westafrika und Britische Inseln.

Symptome

Brennende Schmerzen bei Giftinjektion. Starke Schwellung. Einstichstelle zuerst weiß, später rot; dort prickelndes Gefühl. Gelegentlich Kopfschmerzen, Übelkeit, Fieber, Schüttelfrost, Gelenkschmerzen, Krämpfe.

Erste Hilfe

Wie Skorpionsfische (siehe Seite 104).

Spezifische Therapie

Wie Skorpionsfische (siehe Seite 104). Antidot nicht bekannt.

Petermännchen richten bei Annäherung ihre Giftstacheln auf, die sich in der 1. Rückenflosse befinden und eine wirkungsvolle Verteidigungswaffe darstellen. Je nach Art besitzen sie 2–7 Stacheln, die von einer schützenden Haut umgeben sind. Beim Stich schiebt sich die Haut zurück, und ein schwammiges Drüsengewebe wird freigelegt, so daß ein darin produziertes Proteingift in die Wunde gelangt; diese Verletzungen sind äußerst schmerzhaft. Außerdem besitzen Petermännchen an den Kiemendeckeln je einen nach hinten gerichteten Stachel, der mit einer Giftdrüse ausgestattet ist. Werden sie von Fischen angegriffen, stechen sie die Angreifer angeblich gezielt mit den Kiemenstacheln.

Wichtig! Petermännchen sind territorial und fliehen selten. Werden sie aufgeschreckt, greifen sie oft an. Unfälle kommen deshalb recht häufig vor. Sie leben in Küstennähe schon in sehr flachem Wasser, selbst in stark frequentierten Gebieten. Deshalb sind auch Strandwanderer im Flachwasser nahe des Spülsaumes gefährdet.

Gelingt Petermännchen die Flucht vor einem schnelleren Raubfisch nicht, spreizen sie ihre Kiemendeckel mit den Giftstacheln ab, so daß es dem Angreifer kaum möglich ist, seine Beute zu verschlingen, und er den begehrten Happen wieder schwimmen lassen muß.

Petermännchen sind eine artenarme Familie territorialer Fische. Sie lauern gut getarnt auf Beute und graben sich oft im Sandgrund ein.
Verletzt man sich an einem der Giftstacheln und gelangt Gift in die Wunde, macht sich das durch starke, brennende Schmerzen bemerkbar, die sich ausweiten und sich innerhalb der nächsten halben Stunde extrem verstärken. Die Schmerzen können bis zu 24 Stunden anhalten und so stark sein, daß der Betroffene die Besinnung verliert. Die Stärke der Vergiftung hängt von der injizierten Giftmenge ab und von der Einstichstelle: Stark durchblutetes Gewebe transportiert das Gift schneller in den Kreislauf, was zu heftigeren Reaktionen führen kann. Im betroffenen Körperteil ist ein prickelndes Gefühl zu spüren. Später wird es gefühllos. Die Umge-

Petermännchen leben in flachem Wasser und reagieren bei Störung oft mit einem gezielten Angriff. Das Bunte Petermännchen *(Trachinus draco)* erreicht 40 cm Länge und ist sehr giftig.

bung der Einstichstelle ist zuerst weiß, färbt sich später rot und schwillt oft sehr stark an. Außerdem können Kopfschmerzen, Übelkeit, Fieber, Schüttelfrost, Gelenkschmerzen und Krämpfe auftreten. In seltenen Fällen kann die Schwellung bis zu 10 Tagen und länger anhalten. Die Heilung dauert in schweren Fällen sehr lange, unter Umständen Monate. Dank neuer Medikamente und verbesserter Behandlungsmethoden sind in jüngerer Zeit keine Todesfälle mehr aufgetreten.
Die größte Art in der Familie Petermännchen kann bis fast 50 cm lang werden, meist sind Petermännchen aber nur 20–40 cm lang. Die Tiere besitzen einen zigarrenförmigen Körper und einen kleinen, stumpfen Kopf mit hochliegenden Augen. Die 1. Rückenflosse ist sehr kurz, während die 2. Rückenflosse und die Afterflosse sehr lang sind. Alle Arten sind Bewohner von Sandböden und Seegraswiesen, meist entfernt von festem Substrat. In tropischen Meeren kommen sie nicht vor.

Kaninchenfische

Verbreitung

Weltweit in tropischen Meeren, auch im Mittelmeer.

Symptome

Alle Flossenstacheln verursachen heftig schmerzende Stichverletzungen, oft mehrere Stunden.

Erste Hilfe

Wie Skorpionsfische (siehe Seite 104).

Spezifische Therapie

Wie Skorpionsfische, jedoch ist die Giftwirkung im Vergleich geringer.

Alle Kaninchenfische sind mit Giftstacheln ausgerüstet, die sich in der ersten Rückenflosse, den Bauchflossen und in der Afterflosse befinden. Nur wer sie fängt, kann verletzt werden.

Kaninchenfische legen sich nachts zum Schlafen auf den Grund und nehmen zur Tarnung eine diffuse Färbung an, die ihre Gestalt in der Dämmerung oder bei Mondschein »auflöst«.

Kaninchenfische können Menschen nicht gefährlich werden, sofern sich diese in einem Riff normal bewegen. Sie gehen dem Menschen aus dem Weg und sind in manchen Gebieten sehr scheu. Nur wenn sie gefangen werden, können sie sich mit ihren Giftstacheln, die sehr schmerzhafte Wunden verursachen, wirkungsvoll verteidigen.

Die Stacheln befinden sich in der 1. Rückenflosse, den Bauchflossen und der Afterflosse. Die Anordnung der Flossenstacheln zeigt gleich 2 Besonderheiten gegenüber den meisten anderen Fischen: Der 1. Stachel der Rückenflosse ist sehr kurz und nach vorn gerichtet; die Bauchflossen besitzen je 2 Stacheln am Anfang und am Ende der Flosse. Die Kaninchenfische wurden deshalb früher in eine eigene Ordnung gestellt. Bei einigen Arten stehen die Stacheln mit Drüsen in Verbindung, die ein Gift produzieren, das für Menschen aber nicht gefährlich ist. Über die Zusammensetzung des Giftes ist kaum etwas bekannt, es verursacht starke Schmerzen, die aber relativ schnell abklingen.

Die stärkste Giftwirkung wurde beim endemischen Rotmeer-Kaninchenfisch *(Siganus rivulatus)* und beim Braunen Kaninchenfisch *(S. luridus)* festgestellt, der vom Roten Meer bis Mauritius vorkommt.

Erwachsene Kaninchenfische leben vorwiegend paarweise, gelegentlich in kleinen Gruppen und selten auch in großen Schwärmen. Jungfische findet man in Lagunen oder Seegraswiesen in sehr großen Ansammlungen, später besiedeln sie Fels- oder Korallenriffe.

Die tagaktiven Kaninchenfische können

ihre Farbe sehr schnell verändern und sich ihrer Umgebung gut anpassen; sie ahmen auch andere Fischarten nach. In der Dämmerung kann man gut beobachten, wie sie sich einzeln oder in kleinen Gruppen ungeschützt zur Nachtruhe auf den Boden legen und eine diffuse Färbung annehmen. Dadurch heben sich ihre Körperkonturen kaum vom Untergrund ab, so daß sie vor dämmerungsaktiven Räubern relativ sicher sind. Als Meister der Tarnung hat sich der Braune Kaninchenfisch *(Siganus luridus)*, der durch den Suezkanal ins Mittelmeer eingewandert ist, schnell der neuen Situation angepaßt und ahmt erfolgreich die weit verbreiteten Goldstriemen nach. Er breitet sich im Mittelmeer mit der Meeresströmung entgegen dem Uhrzeigersinn aus.
Alle Kaninchenfische haben einen relativ kleinen Kopf und sind an ihrem typischen Mümmelmaul zu erkennen, mit dem sie den ganzen Tag den Algenbewuchs abweiden.
Kaninchenfische vertragen große Schwankungen des Salzgehaltes: Sie leben häufig im Brackwasser, manche Arten sogar im Süßwasser. Der erwähnte *Siganus luridus* und *S. rivulatus* haben den Suezkanal mit seinem hohen Salzgehalt durchquert und leben heute erfolgreich im Mittelmeer. Die Salzkonzentration des Suezkanals ist in den Bitterseen besonders hoch, in denen vor dem Kanalbau kein Leben möglich war. Wie die beiden Kaninchenfischarten es geschafft haben diese für fast alle Tierarten lebensfeindliche Barriere zu überwinden, ist ungeklärt.

Doktorfische

Verbreitung

Alle tropischen Meere.

Symptome

Schnittwunden; nur gefährlich bei Schlagaderverletzung.

Erste Hilfe

Desinfektion. Wundränder mit Klammerpflastern zusammenziehen.

Spezifische Therapie

Adäquate Wundbehandlung.

Alle Vertreter der Familie Doktorfische sind mit scharfen Klingen ausgestattet, die sich an der Schwanzwurzel befinden. Bei einigen Arten sind sie mit deutlichen Warnfarben gekennzeichnet und leicht zu erkennen. Andere Arten, die farblich unauffällige Klingen tragen, kann man nicht so leicht als Doktorfische identifizieren. Es handelt sich um Abwehrwaffen, die sich aus Schuppen entwickelt haben und scharf wie Rasierklingen sein können. Sie werden aber nie zum Angriff eingesetzt und sind für den Menschen nur dann eine Gefahr, wenn man die Tiere fängt und unvorsichtig mit ihnen hantiert. Doktorfische werden in 3 Unterfamilien eingeteilt: Skalpelldoktorfische (Acanthurinae), Nasendoktorfische (Nasinae) und Sägedoktorfische (Prionurinae).
Skalpelldoktorfische besitzen bewegliche Klingen, sogenannte Skalpelle, die sich in scheidenartigen Gruben beidseitig der Schwanzwurzel befinden. Bei

normaler Schwimmweise bleiben die Skalpelle in den Gruben, sobald aber der Schwanz seitlich über einen bestimmten Winkel abgeknickt wird, springt das Skalpell auf der Außenseite wie ein Klappmesser heraus und kann einem Angreifer gefährliche Schnittverletzungen zufügen. Die Knochenklingen sind hinten gelenkig verankert und springen vorn bis zu einem Winkel von 30° heraus, so daß die Spitze wie ein Dolch schräg nach vorn gerichtet ist.

Nasendoktorfische können größer als Skalpelldoktorfische werden und besitzen 2 Paar starre Knochenklingen, selten 1 Paar, die seitlich relativ weit von der Schwanzwurzel abstehen. Auch diese scharfen Waffen dienen nur der Verteidigung. Jungfische bilden die Klingen erst aus, wenn sie etwa 4 cm lang sind.

Das typische Erkennungsmerkmal der Unterfamilie der Nasendoktorfische ist das »Nashorn«, das aber nicht alle Vertreter vorweisen können. Das Horn ist ein wichtiges Bestimmungsmerkmal und variiert in der Größe sehr. Es entwickelt sich erst während der Geschlechtsreife und ist bei männlichen Tieren oft stärker ausgeprägt. Bei einigen Arten ist das Nashorn durch einen Stirnwulst ersetzt. Ein weiteres Merkmal sind die langen Schwanzfilamente vieler Arten, die andere Doktorfische nicht haben.

Sägedoktorfische besitzen 3–6, selten 10 Paar starre Klingen, die aber keine richtigen Messer sind, sondern eine dornartige Form besitzen und – im Vergleich mit den Klingen der Nasendoktorfische – nur geringfügig hervorstehen. Diese Unterfamilie bevorzugt kühleres Wasser und bewohnt subtropi-

Doktorfische besitzen an der Schwanzwurzel rasierklingenscharfe Skalpelle, die beweglich sind und in Gruben liegen. Beim Abwinkeln des Schwanzes schnappen die Messer heraus und können Angreifer erheblich verletzen.

Nasendoktorfische haben auf jeder Seite der Schwanzwurzel zwei große Skalpelle, die nicht eingeklappt werden können. Bei manchen Arten sind sie auffällig gefärbt (siehe Seite 18).

sche Meere; sie kommt deshalb im tropischen Indopazifik und im Roten Meer nicht vor.

Bis auf wenige Ausnahmen sind alle Doktorfische den ganzen Tag damit beschäftigt, den Algenbewuchs von Felsen oder totem Korallengestein abzuweiden. Dabei nehmen sie auch Kleintiere auf; es sind also keine echten Vegetarier. Werden Küchenabfälle ins Meer geworfen, fressen sie auch Fischfleisch. Nur 2 Arten ernähren sich von Plankton, der Graue Doktorfisch *(Acanthurus mata)* und der Weißschwanz-Doktorfisch *(A. thompsoni);* sie halten sich vorwiegend im Freiwasser in der Nähe von Riffen auf. Die Algenfresser sind vorwiegend im flachen Wasser anzutreffen, weil hier aufgrund der intensiveren Sonneneinstrahlung das Wachstum der Algen durch die hohe Photosyntheserate beschleunigt wird. Einige Arten sieht man deshalb fast nur auf Riffdächern oder, wenn bei Ebbe das Wasser auf dem Riffdach zu niedrig ist, an der Riffkante.

Doktorfische sind sehr friedliche Tiere, die trotz ihrer scharfen Verteidigungswaffen niemand zu fürchten braucht. Wenn ihnen Taucher oder Schnorchler zu nahe kommen, weichen sie immer aus.

Doktorfische können ihre Färbung extrem verändern, was sehr schnell vonstatten gehen kann. Eine schnelle Farbveränderung, zum Beispiel an einer Putzerstation, wird durch Nervenimpulse gesteuert, während eine langsame Farbanpassung hormonell bedingt ist.

Argusfische

Verbreitung

Vorwiegend küstennah im Salz-, Brack- und Süßwasser des tropischen Indopazifiks; Südafrika bis Frz. Polynesien.

Symptome

Schmerzhafte Stichverletzungen; ausstrahlende Schmerzen.

Erste Hilfe

Desinfektion; Extremität ruhigstellen.

Spezifische Therapie

Adäquate Wundbehandlung.

Der Gemeine Argusfisch *(Scatophagus argus)* lebt vorwiegend in Mangrovengebieten und wird nur selten gesehen. Alle Arten der Familie sind mit Giftstacheln ausgestattet.

Argusfische sind scheue Fische, die ihre giftigen Stacheln nur zur Verteidigung einsetzen. Sie besitzen 11–12 Stacheln an der 1. Rückenflosse und je einen an den Bauchflossen, jeweils mit Giftdrüsen. Diese sind bei Jungfischen besonders gut ausgebildet; bei einer Art bilden sie sich im Alter ganz zurück. Gefährdet sind nur Personen wie Aquarianer oder Fischer, die mit diesen Fischen hantieren.
Argusfische sind gegen Schwankungen des Salzgehaltes sehr unempfindlich und können sowohl in Brackwasser als auch in Süßwasser existieren. Sie leben vorwiegend in flachen, trüben Küstengewässern und kommen in Mangrovengebieten häufig vor. Auch in Häfen und Abwassergebieten sind sie zu finden, wo sie Abfälle fressen. Gewöhnlich ernähren sie sich von Algen und Detritus. Der Gattungsname *Scatophagus* bedeutet Kotfresser, deshalb werden sie als Speisefische in vielen Gebieten gemieden.
Zur Fortpflanzung wandern sie ins Brackwasser und betreiben Brutpflege. Sie legen die Eier am Boden ab und bewachen sie, bis die gepanzerten Larven schlüpfen. Die Jungfische des Gemeinen Argusfisches (*Scatophagus argus*) wandern stromaufwärts ins Süßwasser ein.

Barrakudas

Verbreitung

Weltweit in tropischen und subtropischen Meeren, eine Art auch im Mittelmeer.

Symptome

Über Barrakudabisse gibt es unterschiedliche Aussagen: Es wird sowohl behauptet, die Wunden hätten scharfe,

glatte Ränder, als auch, daß die langen Zähne die Muskulatur zerfetzen. Das spricht dafür, daß die Tiere nicht immer eindeutig identifiziert wurden. Es gibt keine gesicherten Erkenntnisse, da Unfälle sehr selten sind.
Vergiftung durch Cignatoxin (s. S. 138).

Erste Hilfe

Verletzten so schnell wie möglich bergen. Schlagaderverletzungen abdrücken und stark blutende Wunden mit Druckverbänden versehen. Arzt verständigen. Schockbehandlung.

Spezifische Therapie

Schockbehandlung, chirurgische Wundversorgung.

Barrakudas haben wegen ihres gefährlichen Äußeren und ihrer stattlichen Maximalgröße von 2,5 m einen schlechten Ruf, der allerdings nicht ganz zu Recht besteht. Ähnlich wie Haie, tauchen sie überall dort auf, wo etwas Ungewöhnliches in ihrem Revier passiert. Trifft man sie in klarem Wasser an, nähern sie sich oft neugierig, meistens dann, wenn sie sich nicht beobachtet fühlen. Man sieht sie selten kommen, und ihr »plötzliches Erscheinen« ist dadurch zu erklären, daß sie von vorn gesehen unglaublich gut getarnt sind. Gelegentlich umkreisen sie auch eine Tauchgruppe und verschwinden bald wieder so unauffällig, wie sie gekommen sind.

Wichtig! Kommt man einem großen Barrakuda zu nah, macht er seinem Unwillen durch »Zähneklappern« Luft (schnelles Öffnen und Schließen des Maules); Jungtiere und kleine Arten sind harmlos.

Barrakudas sagt man nach, daß sie auf glitzernde Objekte wie Fische oder Schmuckstücke reagieren. Es soll deshalb im trüben Wasser zum Angriff auf Menschen gekommen sein. Großer Barrakuda *(Sphyraena barracuda)*, 1,9 m; alle tropischen Meere.

Es ist bekannt, daß Barrakudas Jagd auf Fische machen, die an einer Angel zappeln. Das gleiche geschieht, wenn Fische harpuniert werden. Dabei kommt es vor, daß der Jäger durch einen Barrakuda verletzt wird. Besonders gefährlich ist es, wenn die erbeuteten Fische in einem Netz am Körper getragen werden. Auf diese Weise wurden schon Personen erheblich verletzt, zum Teil lebensgefährlich, wenn der Biß in den Leib erfolgte.

Viele Unfälle, die man Barrakudas zuschreibt, konnten nie eindeutig aufgeklärt werden. Die Angriffe fanden ohne erkennbaren Anlaß vorwiegend auf Schwimmer im trüben Wasser statt, so daß niemand mit Sicherheit sagen kann, ob es sich wirklich um einem Barrakudas handelte. Man nimmt an, daß sie durch glitzernde Gegenstände wie Schmuck oder Uhren ausgelöst wurden, die ein Barrakuda oder ein anderer Raubfisch für den glänzenden Körper eines kleinen Fisches hielt. Betroffene Personen sollten sofort das Wasser verlassen oder wenn nötig geborgen werden.

Im Gegensatz zu Haien wiederholten Barrakudas ihre Angriffe nie. Daran ist deutlich zu erkennen, daß der Biß nicht dem Opfer galt, sondern versehentlich passierte. Barrakudas finden ihre Beute nicht durch ihren Geruchsinn wie Haie, sondern orientieren sich nur mit den Augen. Ein Angriff in klarem Wasser ist deshalb unwahrscheinlich.

In Gebieten, in denen Barrakudas häufig vorkommen, sollte man beim Baden, Schnorcheln oder Tauchen in trüben Gewässern keine reflektierenden Gegenstände wie Schmuck oder Uhren mitführen. Barrakudas schwimmen meistens ruhig und gelassen oder schweben an geschützten Stellen und lauern auf Beute. Wenn sie ein Beutetier wahrnehmen, können sie ihre Geschwindigkeit blitzartig steigern. Man spricht von Höchstgeschwindigkeiten bis zu 100 km/h, was aber wohl eher in das Reich der Fabel gehört. Es dürfte sich bei diesen Angaben um Schätzungen handeln, nicht um nachweisbare Ergebnisse.

Erstaunlich ist die Vermehrungsrate großer Barrakudas; sie können bis zu 500 000 Eier produzieren. Jungtiere leben immer im Schwarm und sind in manchen Gebieten häufig im Flachwasser oder in Seegraswiesen zu finden. Später besiedeln sie exponierte Stellen in großen Schwärmen bis über 100 Exemplaren. Mit zunehmender Größe der Tiere werden die Gruppen gewöhnlich kleiner; erwachsene Barrakudas leben als Einzelgänger. Es wurden allerdings auch schon ausgewachsene Exemplare in Gruppen beobachtet. Es handelte sich dabei anscheinend um Paarungsverhalten.

Drückerfische

Verbreitung

Weltweit in tropischen bis kalten Meeren; im Norden bis Irland.

Symptome

Prellungen oder Quetschungen. Passive Vergiftung durch Ciguatoxin (siehe Seite 138).

Erste Hilfe

Prellungen kühlen. Bei offenen Verletzungen normale Wundversorgung. Vergiftung: siehe Ciguatoxin, Seite 138.

Spezifische Therapie

Bei offenen Verletzungen adäquate Wundbehandlung.

Große Drückerfische, hauptsächlich der Grüne Riesendrückerfisch *(Balistoides viridescens),* greifen unter bestimmten Umständen Taucher an. Dies geschieht normalerweise nur während weniger Tage des Jahres, nämlich wenn die Drückerfische in den Sommermonaten ihr Gelege bewachen. Sie sind von Natur aus friedfertig, gehören aber zu den wenigen Fischfamilien, die eine intensive Brutpflege betreiben. Zur Paarungszeit legen sie große Nestmulden an, die einen Durchmesser von 1–2 m erreichen können. Beim Bau der Mulde tragen sie Steine mit ihrem kräftigen Gebiß nach außen, der Sand wird mit einem kräftigen Wasserstrahl weggeblasen; sorgfältig werden alle Unebenheiten beseitigt. Der Sinn dieser »Reinigungsaktion« ist der Schutz der Eier vor Freßfeinden. Eier sind beliebte Leckerbissen für viele Riffbewohner; entsprechend gern werden die Gelege geplündert, wann immer sich eine Möglichkeit dazu bietet.

Die Eier werden in das Zentrum der Mulde gelegt und meistens vom Weibchen bewacht; gelegentlich von beiden Elternteilen. Das Männchen hält sich unauffällig in der Nähe auf. Die breiten, ebenen Ränder der Mulde ermöglichen den Tieren, das Umfeld besser zu überblicken. So können sich kleinere Fische nicht unbemerkt den Eiern

Der Riesendrückerfisch *(Balistoides viridescens)* ist gewöhnlich harmlos. Nur wenn er sein Nest bewacht, greift er Taucher an, die seinem Gelege zu nahe kommen. Das kann sehr schmerzhaft sein.

Wichtig! Drückerfische betreiben Brutpflege, und große Arten beschützen ihr Gelege gegen jedes Lebewesen, das sich den Eiern nähert. Sie schweben vertikal über der Nestmulde und zeigen damit deutlich an: Hier ist mein Nest, komm mir nicht zu nahe! Übersieht man diese Warnung, erfolgt ein Scheinangriff. Wer auch diese Drohung übersieht oder ignoriert, wird gerammt und gebissen. Sobald man die Warnzeichen eines großen Drückerfisches erkennt, ist es besser, den Rückzug anzutreten; aber niemals nach oben, das scheint sie besonders zu reizen.

nähern. Das Weibchen schwebt vertikal mit dem Kopf nach unten über dem Nest und fächelt den Eiern sauerstoffreiches Wasser zu. Dabei beobachtet es mit rollenden Augen die Umgebung. Diese Haltung ist gleichzeitig eine Warnung, sich nicht dem Nest zu nähern, und jedes Lebewesen, das zu nahe kommt, wird aggressiv verjagt. Übersieht ein Taucher das Warnzeichen und kommt dem Gelege zu nahe, erfolgt ein Scheinangriff: Das Weibchen kommt mit hoher Geschwindigkeit auf den Eindringling zu, dreht kurz vorher ab und schwimmt zurück zum Nest. Erkennt ein Taucher durch sein eingegrenztes Gesichtsfeld auch dieses Warnzeichen nicht, braucht er nicht lange auf den Angriff zu warten. Der Drückerfisch schießt heran und rammt den vermeintlichen Feind mit voller Wucht, was zu schmerzhaften Prellungen – besonders im Kopfbereich – führt. Gelingt es dem Taucher noch, die Flucht zu ergreifen, kommt er bestenfalls mit ein paar Bissen in die Flossen davon. Aber oft beißen Drückerfische auch in die Beine, was in den Kniekehlen sehr unangenehm ist.

Manche Taucher versuchen, sich den Attacken durch eine Flucht nach oben zu entziehen, was die Tiere besonders zu reizen scheint. Oft verfolgen die Fische den »Feind« bis an die Oberfläche und jagen ihn so lange, bis er weit genug vom Nest entfernt ist.

Verletzen mehrere Taucher die Territorialansprüche der Drückerfische, greift auch das Männchen in das »Kampfgeschehen« ein.

Erkennt man das zweite Warnzeichen – den Scheinangriff –, schwimmt man am besten in die Richtung zurück, aus der man gekommen ist, und sondiert die Lage gründlich. Bei genügend Abstand beruhigen sich die Tiere, was später beim Passieren des Geleges hilfreich sein kann. Wenn es die Unterwasserlandschaft (und die Nullzeit des Tauchers) erlaubt, sollte man in 15 m Entfernung unterhalb des Nestes vorsichtig vorbeischwimmen.

Leider gibt es auch Taucher, die immer zeigen wollen, wer der Stärkere ist, und die dadurch den Tieren einen Schaden zufügen. Schwimmt ein Taucher unbewaffnet auf den Drückerfisch zu, wird er schnell eines Besseren belehrt. Aber auch diese provozierten Angriffe sind für den Nachwuchs des Drückerfisches

schon eine Bedrohung, da das Tier von seiner eigentlichen Aufgabe abgelenkt wird. In der Nähe lauernde Eiräuber machen sich in dieser Zeit schnell über das Gelege her.
Noch schlimmer ist es, wenn Taucher mit großen Kameras auf den angreifenden Fisch einschlagen oder gar – wie ich es schon erlebt habe – mit großen Tauchermessern auf das Tier einstechen. Der Drückerfisch, der in einem Taucher normalerweise keinen Feind sieht, wird verletzt und hat nun schlechte Erfahrungen gemacht. Diese geschädigten Tiere greifen dann auch nach der Brutzeit Taucher an. Wenn dies in stark frequentierten Tauchgebieten wiederholt geschieht, fällt den Tauchschulen oft nichts Besseres ein, als das Tier zu töten. Ein Tier wird – wie so oft – für die Fehler der Menschen zum Tode verurteilt!
Fallbeschreibung: Drei Schnorchler näherten sich dem Gelege eines großen Drückerfisches. Er schwebte senkrecht mit dem Kopf nach unten über der Nestmulde. Diese Warnzeichen kannten die Schnorchler nicht. Als sie sich weiter näherten, erfolgte die zweite Warnung – der Scheinangriff. Erst jetzt wurden die Schnorchler auf den Drückerfisch aufmerksam und beschlossen nach einer kurzen Absprache, gemeinsam auf den etwa 40 cm großen Fisch zuzuschwimmen, um zu zeigen, wer hier der Stärkere ist. Kein Tier läßt sich gern bei seinem Brutgeschäft stören, und schon gar nicht ein großer Drückerfisch. Gesagt – getan: Die drei schwammen auf den Drückerfisch zu und mußten nicht lange auf den Angriff warten. Er schoß mit großer Geschwindigkeit heran und biß dem ersten in die Wange, worauf alle drei schleunigst das Weite suchten. Als der Betroffene mir sein Erlebnis schilderte, konnte ich mir ein bißchen Schadenfreude nicht verkneifen.
Bei der Nahrungssuche graben Drückerfische im Sand nach Wirbellosen und stehen dabei oft vertikal über dem Boden, so daß man annehmen könnte, sie bewachen ihr Nest. Sobald die Fische graben, haben sie kein Gelege und sind nicht angriffslustig. Man kann sich ihnen dann bis auf eine kurze Entfernung nähern, wenn man vorsichtig zu Werke geht.

Wenn ein großer Drückerfisch vertikal über dem Boden schwebt, ist Vorsicht geboten. Entweder bewacht er sein Nest oder er gräbt nach Nahrung. Wer diesen Unterschied kennt, kann einen Angriff vermeiden.

Der Grüne Riesendrücker erreicht eine Länge von 75 cm und ist an seiner olivgrünen Färbung zu erkennen. Er kommt vom Roten Meer bis Französisch Polynesien vor, im Norden bis Südjapan und im Süden bis Mosambik und Neusüdwales. Wie alle Drückerfische hat er weit zurückgesetzte, hoch liegende Augen, die dadurch gut vor Seeigelstacheln geschützt sind. Drückerfische fressen mit Vorliebe Seeigel, die in tropischen Gewässern teilweise sehr lange Stacheln besitzen. Hans W. Fricke konnte bei Experimenten im Riff nachweisen, daß Drückerfische erstaunliche Intelligenzleistungen vollbringen. Sie beißen z. B. einem Seeigel die dünnen Stacheln ab, bis sie ihn an einem festen Stachel 1–2 m hochheben können. Während der Seeigel langsam zum Grund trudelt, schwimmt der Drückerfisch unter ihn und beißt ihm in die wenig geschützte Oralseite, die nur sehr kurze Stacheln aufweist. Eine andere Angriffstechnik besteht darin, den Seeigel durch einen kräftigen Wasserstrahl umzudrehen. Drückerfische lösen auch Aufgaben, die in der Natur nicht vorkommen.

Der Name Drückerfisch nimmt Bezug auf einen Mechanismus der 1. Rückenflosse, die in einer V-förmigen Nut versenkt werden kann. Sie besteht aus 3 kräftigen Stacheln, die nach hinten in der Länge abnehmen und einen Sperrmechanismus haben. Die tagaktiven Tiere verkeilen sich nachts mit ihrem 1. Rückenflossenstachel in Höhlen oder Löchern. Der 2. Stachel wird gegen den ersten gestützt; es ist nun unmöglich, den 1. Stachel einzuklappen. Ein Freßfeind, der den Drückerfisch in seiner Höhle findet, kann ihn nicht herausziehen. In dieser verkeilten Stellung kann sich der Drückerfisch mit seinem kräftigen Gebiß auch heftig zur Wehr setzen: Es ist so stark, daß er damit hartschalige Muscheln mühelos zerbeißt.

Drückerfische und ihre nächsten Verwandten, die Feilenfische, haben eine ungewöhnliche Schwimmtechnik entwickelt: Sie bewegen die Flossensäume der 2. Rücken- und Afterflosse wellenförmig. Oft schwimmen sie in schräger Haltung oder sogar auf der Seite liegend durchs Riff. Nur wenn ein höheres Schwimmtempo erforderlich ist, wird auch die Schwanzflosse zu einem kurzen Sprint eingesetzt.

Kugelfische

Verbreitung

Weltweit in tropischen bis gemäßigten Meeren; manche Arten auch im Brackwasser.

Symptome

Bißverletzung, Fingeramputation möglich. Siehe auch Genußgifte: Tetrodotoxin, Seite 140.

Erste Hilfe

Desinfektion, bei Amputationsverletzung Druckverband anlegen.

Spezifische Therapie

Chirurgische Wundversorgung.

Kugelfische sind keine schnellen Schwimmer, aber Meister im Manövrieren. Sie drehen sich mit ihrer eigenartigen Schwimmweise – dem sogenannten »Gondoliereschwimmen« – auf engstem Raum wie ein Hubschrauber. Außerdem können Kugelfische ihr Körpervolumen in kurzer Zeit um ein Vielfaches vergrößern, indem sie große Mengen Wasser in eine separate Kammer nahe dem Magen einsaugen. Bei Gefahr klemmen sie sich auf diese Weise in Spalten und Löchern fest oder schrecken im Freiwasser Feinde ab. Ein Kugelfisch, der von einem Raubfisch erbeutet wird, bläst sich auf und verstopft die Kiemen des Angreifers. Es wurden schon große Haie gefunden, die durch einen Kugel- oder Igelfisch im Maul erstickt waren.

Kugelfische können allerdings durch den Streß des Aufblasens sterben, auch wenn sie unverletzt sind. Deshalb ist es unverständlich, daß manche Taucher die Tiere nur zum Spaß fangen. Noch schlimmer ist es, wenn dies an der Oberfläche geschieht, weil ein Kugelfisch dabei auch Luft schluckt, die er nur sehr schwer wieder abgeben kann. Er ist dann nicht mehr in der Lage, abzutauchen und treibt – falls er den Streß überlebt – an der Oberfläche davon und hat kaum eine Chance, wieder ein schützendes Riff zu erreichen.

Kugelfische ernähren sich von verschiedenen Wirbellosen wie Krebsen und Schalentieren, aber auch von Fischen, die sie mit ihrem kräftigen Gebiß mühelos zerkleinern; ihre Zähne sind zu 4 Zahnplatten verwachsen.

Wichtig! Große Kugel- und Igelfischarten haben kräftige Zähne und beißen, wenn sie gefangen werden. Sie können problemlos einen Finger abtrennen.

Kugelfische ernähren sich von hartschaligen Wirbellosen. Entsprechend kräftig ist ihr Gebiß, das zu 4 Zahnplatten verwachsen ist. Sie können damit einen Finger abtrennen.

Kugelfische sind äußerst giftig, wenn sie verzehrt werden (siehe Genußgifte: Tetrodotoxin, Seite 140).
Die größte Kugelfischart erreicht eine Länge von 1,2 m. Die Vertreter der Unterfamilie Spitzkopfkugelfische (Canthigasterinae) werden nur wenige Zentimeter lang und sind ebenfalls giftig, werden aber nicht vom Menschen verzehrt.

Alle Kugel- und Igelfische sind scheue Riffbewohner, die nur beißen, wenn sie belästigt oder gefangen werden. Der Verzehr dieser Tiere ist lebensgefährlich.

Igelfische

Verbreitung

Weltweit in tropischen Meeren.

Symptome

Wie Kugelfische (siehe Seite 127).

Erste Hilfe

Wie Kugelfische.

Spezifische Therapie

Wie Kugelfische.

Igelfische sind die nächsten Verwandten der Kugelfische (die beiden Familien haben viele Gemeinsamkeiten), ihr Fleisch ist ebenfalls giftig (siehe Genußgifte: Tetrodotoxin, Seite 140).
Das Gebiß besteht aus 2 Zahnplatten: In jedem Kiefer befindet sich eine durchgehende Zahnplatte mit einer gewaltigen Beißkraft, mit der die Igelfische hartschalige Wirbellose wie Schnecken, Muscheln und Krebse mühelos zerbeißen. Ihre Zähne sind auch eine gefährliche Verteidigungswaffe, mit der sie – genau wie die Kugelfische – den Finger eines Menschen abbeißen können.
Ihre Schwimmtechnik und Manövrierfähigkeit ist der der Kugelfische sehr ähnlich, sie schwimmen als »Gondoliereschwimmer« relativ langsam, können sich aber in einem Riff geschickt in

Auch Igelfische haben ein starkes Gebiß, das nur aus 2 Zahnplatten besteht. Das Fleisch von Kugel- und Igelfischen ist sehr giftig.

Spalten, kleinen Höhlen und zwischen den Korallenästen bewegen. Bei Gefahr beschleunigen sie zusätzlich mit der Schwanzflosse und erreichen kurzzeitig ein beachtliches Tempo.
Der stumpfe Kopf mit dem endständigen, kleinen Maul fällt besonders durch die extrem großen Augen auf. Igelfische unterscheiden sich von den Kugelfischen durch ihre Stacheln, die sich bei den meisten Arten strahlenförmig aufstellen, wenn die Tiere ihr Volumen vergrößern. Die gewöhnlich eng anliegenden, nach hinten gerichteten Stacheln bedecken Kopf und Körper und dienen nur der Verteidigung. Werden die Tiere von einem großen Raubfisch angegriffen oder gar verschlungen, blasen sie sich auf und bleiben im Maul des Angreifers stecken. Durch weiteres Aufblasen verkeilt sich der Igelfisch, blockiert die Wasserzirkulation durch die Kiemen und kann nicht mehr ausgespien werden. Diese scheuen Fische sind vorwiegend dämmerungsaktiv und halten sich meistens in Bodennähe oder an der Riffkante auf. Taucher, die ihnen noch nie vorher begegnet sind und in einer kleinen Höhle plötzlich den Kopf eines Igelfisches mit seinen großen Augen aus kurzer Entfernung sehen, erschrecken oft und glauben ein gefährliches Tier vor sich zu haben. Kugelfische sind aber völlig harmlos.
In Korallenriffen sind meistens nur die Gattungen *Diodon* und *Cyclichthys* zu finden; die vielen anderen Arten leben in Gebieten, in denen gewöhnlich nicht getaucht wird, wie Seegraswiesen oder offene Sandflächen.

Seeschlangen

Verbreitung

Arabischer Golf und Südafrika bis Mittelamerika und von Japan bis Tasmanien; auch im Süßwasser wie Seen (Philippinen, Salomonen) und in Flußmündungen. Nicht im Mittelmeer, Roten Meer und Atlantik.

Symptome

Bißwunde unauffällig, meist ohne Schmerzen, keine Schwellung oder Rötung. Symptome treten erst nach etwa 1–3 Stunden auf: Schmerzen der Skelettmuskulatur bei Bewegung, Übelkeit, Erbrechen, starrer Gesichtsausdruck, Augen und Lider können nicht bewegt werden, Schlucken und Sprechen fällt schwer, Urin färbt sich dunkel und Atembeschwerden setzen ein.

Erste Hilfe

Sofort Kompressionsverband anlegen, auch wenn nur der Verdacht besteht; ausführliche Hinweise siehe Text . Patient beruhigen, Extremität ruhigstellen, stabile Seitenlage. Arzt verständigen. Bei fortschreitenden Atembeschwerden künstlich beatmen. Schlangenserum ausfindig machen; es darf nur bei eindeutigen Symptomen von einem Arzt verabreicht werden. Die Identifizierung der Art ist bei Seeschlangen nicht erforderlich.

Spezifische Therapie

Nur bei etwa einem Drittel der Seeschlangenbisse wird Gift injiziert. Bei Unklarheit sorgfältige Beobachtung des

Patienten (24 Std.). Beim Auftreten von Vergiftungserscheinungen symptomatische Therapie unter Einschluß von Intensivmaßnahmen. Zur Neutralisation des Neurotoxins steht ein Antidot zur Verfügung (»Australian Sea Snake Antivenom«). Bei Verabreichung können anaphylaktische Nebenwirkungen auftreten. Im weiteren Verlauf muß mit einem dialysepflichtigen, reversiblen Nierenversagen gerechnet werden.

Seeschlangen setzen ihr Gift gewöhnlich nur zum Töten der Beute ein, die vorwiegend aus kleinen Fischen besteht. Ihr Giftapparat und die Zusammensetzung des Giftes sind mit dem australischer Landschlangen identisch. Die Giftdrüsen befinden sich im Oberkiefer unter dem Auge und sind durch Kanäle mit den Giftzähnen verbunden. Die Giftwirkung ist außerordentlich stark. Manche Seeschlangenarten besitzen auf jeder Seite des Oberkiefers sogar 2 Giftzähne.

Alle Giftschlangen beißen ein Beutetier und warten, bis es gelähmt oder tot ist, bevor sie es verschlingen. Das Gift kann von den Seeschlangen dosiert werden und hat die Aufgabe, die Flucht der Beute durch eine schnelle Lähmung zu verhindern. Auch beim Menschen blockiert es die Nervenbahnen und führt zu Lähmungen; außerdem hat es eine zerstörende Wirkung auf die Muskelzellen. Bei Schlangenbissen gelangen mit dem Gift Verdauungsenzyme in den Kreislauf des Beutetieres, die sich im Körper gleichmäßig verteilen. Dadurch wird eine Vorverdauung eingeleitet, was den Verdauungsvorgang beschleunigt. Das ist besonders für Landschlangen wichtig, denn sie sind mit einer gerade verschlungenen, großen Beute sehr in ihrer Beweglichkeit behindert. Da Seeschlangen nur kleine Beutetiere fressen, ist der Enzymanteil in ihrem Giftgemisch relativ gering. Die lähmende Wirkung dagegen ist bei Seeschlangen sehr wirkungsvoll, da eine zappelnde Beute von einem schneller schwimmenden Raubfisch wahrgenommen und der Schlange weggeschnappt werden könnte.

Seeschlangen sind in ihrem natürlichen Lebensraum nicht aggressiv und setzen ihren Giftbiß selten zur Verteidigung ein. Es ist bisher noch kein verbürgter Fall bekannt, bei dem eine Seeschlange einen Taucher unprovoziert angegriffen

Die Gelblippen-Seeschlange *(Laticauda colubrina)* wird bis 1,5 m lang. An der gelben Kopfzeichnung ist sie leicht von anderen Arten zu unterscheiden. Nicht bei jedem Verteidigungsbiß wird Gift injiziert.

und gebissen hat. Es ist aber trotzdem nicht ratsam, sie anzufassen oder gar festzuhalten, denn eine Giftinjektion ist lebensgefährlich. Besonders Fischer sind beim Leeren der Netze gefährdet, da sich Seeschlangen, die in einem Netz aus dem Wasser gehoben werden, in einer Streßsituation befinden und dann oft zubeißen. Eine weitere gefährliche Situation entsteht, wenn man beim Waten im trüben Flachwasser auf eine Seeschlange tritt. Bei Unfällen mit Seeschlangen werden 88 % Fischer, 10 % Personen, die im Flachwasser waten, und 2 % Badende betroffen.
Die weit verbreitete Meinung, Seeschlangen könnten nicht in einen Finger beißen, weil ihr Maul zu klein sei, stimmt nicht; sie können sogar seitlich in einen Fuß in Höhe des Knöchels beißen, wie ein bekannter Fall aus Malaysia beweist.

- Die Bißwunde einer Seeschlange ist unauffällig, und man erkennt nur kleine Punkte oder Kratzer. Es sind meistens keine Schmerzen zu spüren, oft wird der Biß gar nicht wahrgenommen; auch eine Rötung oder Schwellung ist nicht zu sehen. In jedem Fall ist bei dem Verdacht eines Bisses vorsichtshalber sofort ein Kompressionsverband (ausführliche Hinweise siehe Seite 158) mit einer elastischen Binde anzulegen und zu schienen; Druckstellen sind durch eine Polsterung zu vermeiden. Bei einem Biß in den Arm genügt nach dem Bandagieren eine Armschlinge. Stabile Seitenlage ist erforderlich. Zeitpunkt des Bisses sowie alle getroffenen Maßnahmen notieren. Die Symptome treten relativ spät auf: Übelkeit stellt sich ein und führt zu Erbrechen. Durch die lähmende Wirkung des Giftes bekommen Betroffene einen starren Gesichtsausdruck, die Augen und Lider können nicht mehr bewegt werden. Schlucken und Sprechen fallen schwer, der Urin färbt sich braun, schwarz oder rot! Atembeschwerden treten auf; notfalls künstlich beatmen! Beruhigend auf den Betroffenen einwirken und Beruhigungsmittel verabreichen. Angst ist für den klinischen Verlauf von Nachteil, da der erhöhte Puls die Verteilung des Giftes im Körper beschleunigt.
Man muß bei einem Seeschlangenbiß nicht sofort in Panik geraten, da nur etwa bei einem Drittel der bekanntgewordenen Seeschlangenbisse Gift in die Blutbahn gelangt ist. Wenn bis 2 Stunden nach dem Biß kein Bewegungsschmerz der Skelettmuskulatur auftritt, kann eine schwere Vergiftung ausgeschlossen werden (Reid 1961). Seeschlangen benötigen ihr Gift zum Nahrungserwerb, deshalb beißen sie meist, ohne ihr Gift zu »verschwenden«. Auch bei nicht eindeutigen Vergiftungsanzeichen sollte der Betroffene so schnell wie möglich von einem Arzt untersucht werden (Nachweis von Myoglobin im Urin). Als vorbeugende Rettungsmaßnahme über Notruf spezialisierte Ärzte oder Kliniken ausfindig machen, die über Schlangenserum verfügen. Das Injizieren von Antiserum ist nur dann angezeigt, wenn eindeutige Vergiftungssymptome auftreten; bedingt durch die Aufregung des Patienten sind Scheinsymptome zu berücksichtigen.

Seeschlangen ignorieren einen Taucher gewöhnlich und schwimmen oft dicht unter ihm hindurch, ohne Erregung zu zeigen.
Genau wie ihre nächsten Verwandten, die Landschlangen, nehmen Seeschlangen Geruchsstoffe mit der Zunge auf. Die meisten sind zwischen 0,5 und 1,5 m lang, es wurde aber schon von Exemplaren berichtet, die weit über 2 m lang sein sollen.

Wichtig! In seltenen Fällen sehen Seeschlangen ihr Spiegelbild in der Scheibe einer Tauchermaske und schwimmen bis dicht an das Glas heran. In diesem Fall sollte man sich umdrehen und ruhig verhalten, auf keinen Fall nach der Schlange schlagen. Manche Arten sind auch neugierig und »beschnuppern« Taucher durch Züngeln.

Seeschlangen kommen nur in wenigen Gebieten häufig vor; und auch dort sind sie inzwischen wegen ihrer Haut für Modeartikel wie Gürtel sehr dezimiert. Die meisten Arten leben an der Küste, oft in der Nähe von Flußmündungen; manche wandern auch stromaufwärts. Sie ernähren sich vorwiegend von Grundeln, die sie gewöhnlich bis zu einer Tiefe von 15 m erbeuten. Über die küstenfern lebenden Arten ist relativ wenig bekannt. Sie sollen über 100 m tief tauchen und wurden schon 200 km von der Küste entfernt gesichtet. Alle Seeschlangen stammen von australischen Landschlangen ab und reagieren auf kühles Wasser sehr empfindlich. Sie vertragen auf Dauer keine Temperatur unter 20 °C und kommen deshalb nicht im Mittelmeer vor. Es ist ihnen auch nicht gelungen, die Kaltwasserbarrieren Südafrikas und Südamerikas zu überwinden; sie konnten sich deshalb nicht im Atlantik ausbreiten.
Bei allen Seeschlangen ist der Schwanz zu einem Ruder umgebildet, mit dem sie sehr schnell vor- und rückwärts schwimmen können. Sie sind Lungenatmer und müssen regelmäßig zum Atmen an die Oberfläche. Das stellt für sie eine relativ große Gefahr dar, da sie dabei leicht von Raubvögeln erbeutet werden können. So kann der gebänderten Gelblippen-Seeschlange die auffällige Zeichnung, die unter Wasser eine Warnfunktion hat und auf ihre Giftigkeit hinweist, an der Oberfläche zum Verhängnis werden.
Seeschlangen besitzen eine sehr große Lunge; der linke Lungenflügel erstreckt sich fast bis zum Schwanz und erlaubt ihnen, sehr lange (mindestens eine hal-

Die Gebänderte Schildkrötenkopf-Seeschlange *(Emydocephalus annulatus)* ist nur an küstenfernen Riffen häufig. Seeschlangen reagieren gewöhnlich nicht aggressiv.

be Stunde) unter Wasser zu bleiben; genaue Tauchzeiten sind nicht bekannt. Man nimmt an,
daß sie auch über die Schleimhäute im Maul Sauerstoff aufnehmen können.
Echte Seeschlangen der Unterfamilie Hydrophiinae verlassen das Wasser nie und sind an Land völlig hilflos, da sie keine Bauchschuppen besitzen. Sie bringen ihre Jungen lebend zur Welt. Äußerlich fallen einige Arten der Gattung *Hydrophis* (22 Arten) durch ihren unproportionierten Körperbau auf: Die vordere Körperhälfte ist sehr schlank, der Hinterkörper extrem massig.
Die Vertreter der Unterfamilie **Seekobras** (Laticaudinae) leben amphibisch, sind also nicht nur an das Leben im Meer gebunden. Sie verlassen zur Eiablage das Wasser und vergraben ihre 2–8 Eier im Sand, wo sie durch die Sonnenwärme ausgebrütet werden. Seekobras wurden auch schon beim Sonnen beobachtet; sie entfernen sich in seltenen Fällen bis zu 200 m vom Meer. Sie schlafen unter Wasser, meistens in Höhlen, und ringeln sich dabei manchmal wie Landschlangen zusammen. Beim Tauchen oder Schnorcheln kann man in bestimmten Gebieten Seekobras relativ häufig beobachten, besonders die Gelblippen-Seeschlange *(Laticauda colubrina)*, die eine auffällige schwarzweiße Bänderung hat. Eine kleine Seekobra dieser Art kann eine mittelgroße Muräne problemlos in 30 Sekunden töten. Bei einem derartigen Kampf löst sie ihren Biß erst, wenn sich die Muräne nicht mehr bewegt. Die Schlange scheint sich dabei kaum anzustrengen, da sie anschließend nicht zum Atmen an die Oberfläche muß. Zu einer solchen Konfrontation kommt es, wenn Seeschlangen auf Beutesuche in Höhlen schwimmen, die von Muränen besetzt sind. Hat die Höhle keinen zweiten Ausgang, fühlt sich die Muräne bedroht und reagiert mit einer Drohung. Dadurch fühlt sich wiederum die Seeschlange angegriffen, und es kommt zum Kampf. Die Seeschlange beißt der Muräne in den Unterkiefer, so daß es der Muräne nicht möglich ist zurückzubeißen.
Seeschlangen haben große Ähnlichkeit mit manchen Schlangenaalen und werden oft mit ihnen verwechselt. Diese gehören aber nicht zu den Reptilien, sondern sind mit den Muränen nahe verwandt. In der Tat haben manche Arten eine verblüffende Ähnlichkeit, doch bei näherem Hinsehen sind bei den Schlangen die Schuppen zu erkennen und bei den Schlangenaalen die durchgehende Rückenflosse. Viele Taucher und Schnorchler glauben, im Roten Meer oder in der Karibik Seeschlangen gesehen zu haben. Es handelt sich aber immer um harmlose Schlangenaale, denn in diesen Gebieten kommen keine Seeschlangen vor. Obwohl Seeschlangen spezielle Drüsen zum Ausscheiden des Salzes entwickelt haben, vertragen sie den hohen Salzgehalt des Roten Meeres nicht. Auch auf den Malediven kann man gelegentlich Schlangenaale im Flachwasser über Sandgrund sehen, die oft für Seeschlangen gehalten werden. Beobachtet man sie einige Zeit, wird man feststellen, daß sie irgendwann

im Sandgrund verschwinden. Man kann dann sicher sein, daß es sich um einen Schlangenaal handelt, da Seeschlangen sich nicht im Sand eingraben.
Die Schnabelseeschlange *(Enhydrina schistosa)* ist die giftigste Seeschlange und verfügt über eine Giftmenge von 15 mg, womit man theoretisch 10 Menschen töten könnte. Das entspricht der 4fachen Giftwirkung der Indischen Königskobra *(Naja naja)*, die als Maßstab für Giftbisse gilt.
Die Giftwirkung anderer Arten:
Hydrophis ornatus 1,8fach,
Laticauda laticaudata 1,7fach,
Disteira major 1,5fach,
Hydrophis elegans 1,1fach.
Pelamis platurus 1fach,
Astrotia stokesii 0,8fach,
Laticauda colubrina 0,7fachh.

Leistenkrokodile

Verbreitung

Indien, Philippinen, Indonesien, Neuguinea, Salomonen und Nordaustralien.

Symptome

Fleischwunden und Knochenbrüche.

Erste Hilfe

Wundreinigung, Desinfektion, Druckverband, Schockbehandlung, Arzt verständigen.

Spezifische Therapie

Schockbehandlung, chirurgische Wundversorgung.

Leistenkrokodile *(Crocodylus porosus)*, auch Seewasserkrokodile genannt, gehören zweifellos zu den gefährlichsten Tieren, die im Wasser leben. An Land machen sie einen relativ harmlosen Eindruck und sind aufgrund ihrer Trägheit auch bis zu einem gewissen Grad berechenbar. Sie erreichen eine Geschwindigkeit von höchstens 13 km/h und legen dabei eine Strecke von maximal 30 m zurück. Jeder gesunde Mensch kann ihnen also an Land entkommen, wenn er sie nicht übersieht. Ihre Trägheit darf aber nicht darüber hinwegtäuschen, wie schnell sie im Wasser reagieren und mit welch ungeheurer Kraft sie zubeißen. Das wird erst richtig deutlich, wenn man einmal gesehen hat, wie blitzartig sie eine Beute ergreifen. Vom Angriff bis zum Verschlingen des Beutetieres vergehen oft weniger als 5 Sekunden; es sei denn, das Tier ist so groß, daß es nicht in einem Stück verschlungen werden kann.
Ihr relativ flacher Körper macht es ihnen möglich, sich in flaches, trübes Wasser zu legen und unbemerkt auf Beute zu lauern; sie können über eine Stunde unter Wasser bleiben. Auch wenn der Mensch nicht zur typischen Beute der Leistenkrokodile gehört, scheinen die Tiere wie eine automatische Falle zuzuschnappen, wenn sich etwas in der Nähe ihres Kopfes bewegt. Sie ergreifen die Beute blitzschnell und drehen sich kraftvoll, so daß einem Menschen die Knochen gebrochen werden können. Augenzeugen können oft keine konkrete Beschreibung des Vorganges geben, da alles mit großer

Schnelligkeit abläuft. Selbst wenn ein Mensch den Angriff eines Leistenkrokodils überlebt, sind die Verletzungen meist sehr schwerwiegend und folgenschwer.

Wichtig! In den Verbreitungsgebieten von Leistenkrokodilen ist es gefährlich, in trübem Wasser zu baden. Besonders häufig sind sie in Mangroven- oder Brackwassergebieten. Schon in 30 cm flachem Wasser kann ein Leistenkrokodil unbemerkt liegen, das einem Menschen gefährlich werden kann.

Begegnungen von Tauchern mit Leistenkrokodilen in klarem Meerwasser sind zwar sehr selten, verliefen aber erstaunlicherweise harmlos; die Krokodile machten keine Anstalten zu einem Angriff. Das mag daran liegen, daß sie kleinere Beute bevorzugen und durch die guten Sichtverhältnisse die Größe des Menschen besser einschätzen können als in trübem Wasser.

Aus Nordaustralien wurde ein interessanter Fall bekannt: Zwei Männer, die einen Hund bei sich hatten, standen in nur 45 cm tiefem Wasser. Als sich der Hund zwischen den Männern befand, wurde er von einem etwa 3 m langen Leistenkrokodil geschnappt und verschlungen. Ob es sich dabei um einen Zufall handelt oder ob das Krokodil gezielt das Opfer, das leichter zu verschlingen war, ausgewählt hat, ist unklar. Krokodile gab es bereits, als die Dinosaurier noch existierten. Sie sind seit dem Trias, also seit etwa 220 Millionen Jahre bekannt und haben sich im Kampf ums Überleben so perfekt angepaßt, daß sie sich in den letzten 60 Millionen Jahren kaum verändern mußten. Wie alle Tiere, die sich langsam bewegen oder reglos auf Beute lauern, sind Krokodile in ihrem natürliche Lebensraum nur sehr schwer zu erkennen. Das macht sie auch für den Menschen gefährlich, denn sie werden mindestens 6 m lang und können ein Gewicht von 3 t erreichen. Es gibt sogar Beobachtungen von Hubschrauberpiloten, die in entlegenen Mangrovengebieten von

Das größte bisher vermessene Leistenkrokodil *(Crocodylus porosus)* war 6m lang – wahrscheinlich können sie größer werden. Sie gehören zu den gefährlichsten Küstenbewohnern.

Neuguinea mit dem Schatten ihres Hubschrauber Exemplare »gemessen« haben, die etwa 10 m lang gewesen sein sollen. Aber es wurde noch nie ein Exemplar vermessen, das länger als 6 m war. In Nordaustralien sind in den letzten 120 Jahren, seit es Statistiken über Unfälle mit Leistenkrokodilen gibt, 30 tödliche Unfälle registriert worden; das ist durchschnittlich ein Opfer alle 4 Jahre. Verglichen mit der Anzahl von tödlichen Unfällen in Verkehr, Haushalt oder Ertrinkungsfällen beim Baden erscheint die Zahl der Unfälle gering.

Leistenkrokodile leben nicht nur im Salzwasser, sondern auch im Brackwasser und im Süßwasser. Wenn am späten Nachmittag Tiere an Flüssen zur Tränke kommen, liegen sie bewegungslos an der Wasseroberfläche; nur ihre Augen und Nasenöffnungen ragen aus dem Wasser. Der Körper gleicht einem treibenden Baumstamm, und keines der sich nähernden Tiere scheint Verdacht zu schöpfen, wenn der »Baumstamm« langsam im trüben Wasser versinkt und sich ihren Blicken entzieht. Langsam nähert sich das Krokodil der Beute, packt sie am Kopf und schüttelt kleinere Tiere, so daß dem Opfer das Genick gebrochen wird. Dann wirft das Krokodil das Beutetiere hoch und fängt es so auf, daß es dieses schnell verschlingen kann. Ist das Krokodil dabei zu langsam, kann ein Artgenosse leicht die Beute streitig machen. Ein etwa 5 m langes Krokodil kann maximal ein Beutetier von 50 kg in einem Stück verschlingen und braucht 6–8 Wochen, um diese Portion zu verdauen.

Leistenkrokodile sind bei Angriffen auf größere Beutetiere hervorragend geschützt. Im Moment des Beutebisses werden die erhöhten Augen – die einzige empfindliche Stelle des Tieres – in Gruben versenkt, damit sie nicht durch Hufschläge oder die Hörner des angegriffenen Tieres verletzt werden können.

Aber nicht jeder Angriff auf ein größeres Tier ist erfolgreich; gelegentlich gelingt es diesem, den Angreifer abzuschütteln, wenn dessen Zähne vom nassen Fell der Beute abrutschen. Gelingt es einem Krokodil eine größere Beute zu überwältigen, kommen sofort in der Nähe befindliche Artgenossen mit großer Geschwindigkeit herbei, um von dem Fang zu partizipieren.

Leistenkrokodile können sehr schnell schwimmen, denn ihr kräftiger Schwanz macht fast die Hälfte ihrer Gesamtlänge aus. Obwohl er sehr gefährlich sein kann, wird er nicht als Waffe eingesetzt. Es dürfte sich eher um einen Zufall handeln, wenn Tiere oder Menschen dadurch verletzt werden. Von jungen Leistenkrokodilen ist bekannt, daß sie ihre Schwanzspitze durch bestimmte Bewegungen als Köder benutzen und damit Tiere anlocken: Nähert sich ein Leguan der vermeintlichen Beute, wird er selbst zum Opfer.

Leistenkrokodile waren weit verbreitet, wurden aber in den meisten Gebieten ausgerottet oder so weit dezimiert, daß sie kaum noch zu finden sind. Sie stehen heute in Australien unter Naturschutz und sind besonders im Nordterritorium wieder regelmäßig anzutreffen.

Genußgifte

Viele Meerestiere sind – wenn sie vom Menschen verzehrt werden – giftig, teilweise giftig oder zeitweilig giftig. Die Wirkung der Gifte ist bei einigen Arten sehr stark und kann in kurzer Zeit zum Tod führen, obwohl durch die moderne Intensivmedizin die Todesfälle stark zurückgegangen sind. Allein bei den Fischen sind 11 verschiedene Gifte bekannt. Auch bei den Wirbellosen kennt man passive Gifte. Die größte Bedeutung für den Menschen haben sie bei den Muscheln (siehe S. 143) und Krebsen (siehe S. 144).
Einige Fischarten wie Neunaugen, Muränen, Krötenfische, Seifenbarsche und Kofferfische besitzen Hautdrüsen, die giftige Sekrete produzieren. Die Haut dieser Tiere sollte nicht verzehrt werden, da die Gefahr einer Vergiftung besteht.
Das Blut einiger Aalartiger wie Muränen, Aale und Schlangenaale ist ebenfalls giftig. Das Gift ist aber thermolabil, wird also beim Erhitzen inaktiviert und ist deshalb ungefährlich, sofern die Fische nicht roh verzehrt werden. Relativ viele Fische besitzen eine giftige Leber, andere giftigen Rogen. Deshalb sollten die Innereien von Fischen nicht gegessen werden.
Bei den Wirbellosen Tieren kommen Saxitoxin, Neosaxitoxin, Gonyautoxin, Brevetoxin, Surugatoxin, Neosurugatoxin, Domosäure und Okadasäuren vor. Auch Fischgifte wie Tetrodotoxin und Ciguatoxin konnten bei verschiedenen Wirbellosen nachgewiesen werden. Weiterhin wurden einige noch nicht analysierte Giftstoffe bei verschiedenen Krebsarten entdeckt.

Ciguatoxin

Vorkommen

Weltweit in allen tropischen und subtropischen Meeren, zwischen 35° nördlicher und 34° südlicher Breite.

Symptome

1–24 Stunden nach der Mahlzeit (durchschnittlich 5–6 Std.) Übelkeit, Erbrechen, Durchfall, Leibschmerzen; typisch ist die Überempfindlichkeit gegen Kältereize auf der Haut, die als brennend bis schmerzhaft geschildert werden. Schweißausbrüche, Frösteln und Mundtrockenheit.

Erste Hilfe

Wenn die Symptome innerhalb einer Stunde auftreten und nicht spontan erbrochen wurde, kann Erbrechen provoziert werden (der Wert dieser Methode ist allerdings umstritten). Arzt verständigen.

Spezifische Therapie

In der akuten Phase (bis zum 5. Tag) hat sich 20 %iges Mannitol (1,0 g/kg i. v. über 45 min) bewährt. Wird Mannitol ohne vorherige Rehydratation verabreicht, kann es zu Komplikationen wie Blutdruckabfall und Nierenversagen kommen.

Dieses Gift verursacht die gefürchtete Krankheit Ciguatera, die vorwiegend nach dem Verzehr von Fischen auftritt. Das Gift ist weder durch Hitze noch durch Kälte zu inaktivieren. Es sind schon Fälle von Ciguatera-Vergiftungen bekanntgeworden, bei denen mehrere Personen nach dem Verzehr eines einzigen Fisches verstorben sind. Es gibt mehr als 110

Fischarten, die zeitweilig ciguatoxisch sein können. Der Name des Giftes und der Krankheit stammt von der karibischen Meeresschnecke *Turbo pica*, die früher »Cigua« genannt wurde. Es werden jährlich bis zu 50 000 Ciguatera-Fälle geschätzt; genaue Zahlen sind nicht bekannt, da viele Betroffene keinen Arzt aufsuchen, weil sie glauben, daß sie verdorbenen Fisch zu sich genommen haben.

Außer den üblichen Symptomen, die jede Vergiftung hervorruft, wird typischerweise eine Überempfindlichkeit gegenüber Kältereizen beobachtet, die oft als Temperaturumkehr bezeichnet wird. Betroffene empfinden besonders an den Handflächen und Fußsohlen sowie an den Lippen Kältereize als schmerzhaftes Brennen oder Kribbeln. Wärme wird dagegen nicht – wie häufig angenommen – als kalt empfunden. In der Regel verschwinden die Beschwerden im Verdauungstrakt nach wenigen Tagen, während die neurologischen Symptome manchmal erst nach Monaten abklingen. Durch bestimmte Einflüsse, z. B. Alkohol, können sich die Symptome wieder verstärken.

Das Gift wird von Dinoflagellaten (einzelligen Geißelalgen) der Spezies *Gambierdiscus toxicus* erzeugt, die auf Algen leben und von herbivoren Fischen zusammen mit diesen als Nahrung aufgenommen werden. Das Gift wird von den Fischen im ganzen Körper gespeichert, schadet den Tieren aber nicht. Werden die Algenfresser von Raubfischen erbeutet, speichern diese das Gift des Beutefisches, und mit jedem giftigen Fisch, der gefressen wird, steigt die Konzentration von Ciguatoxin in dem Raubfisch. Besonders giftig sind große oder alte Raubfische, die am Ende der Nahrungskette stehen, z. B. Barrakudas. Die höchste Giftkonzentration ist in den Eingeweiden zu finden. Aber auch Fischarten, die sich nicht räuberisch ernähren, wie Papageifische und Feilenfische, können giftig sein. Meistens handelt es sich bei den Vergiftungen nicht nur um Ciguatoxin, sondern um ein Gemisch verschiedener Polyäther. Diese Vergiftung wird oft auch als Ciguatera bezeichnet.

Die Krankheit tritt in allen tropischen Ozeanen in unregelmäßigen Abständen auf. Besonders stark betroffen sind die Karibik und der Indopazifik, wo es immer wieder in größeren Zeitabständen zu epidemieartigen Vergiftungen kommt. Der Grund für das unvorhersehbare und plötzliche Auftreten der Krankheit hängt indirekt mit der Algenblüte zusammen, bei der es gelegentlich zu einer drastischen Vermehrung der Dinoflagellaten kommt. Die genauen Zusammenhänge dieser explosionsartigen Vermehrung sind zwar ungeklärt, doch wurde beobachtet, daß es nach massiven Eingriffen in Korallenriffen (Bauarbeiten, Einleitung von Industrieabwässern, vom Militär verursachte Schäden) vermehrt zu Ciguatera-Vergiftungen kam. So ist nicht auszuschließen, daß es durch die Atomexplosionen im Mororoa-Atoll in der Südsee zu derartigen Folgeerscheinungen kommen kann. Auch nach natürlichen Riffschäden durch Wirbelstürme oder starke Regenfälle wurde die Vermehrung von Dinoflagellaten beobachtet, für die tote Korallenriffe eine gute Lebensgrundlage darstellen.

Scombrotoxin

Vorkommen

Weltweit in allen Meeren.

Symptome

Nach 10 Minuten bis 2 Stunden Übelkeit, Erbrechen, Durchfall, Leibschmerzen, Brennen oder Pfeffergeschmack im Mund, Kopfschmerzen, Hautausschlag und Fieber.

Erste Hilfe

Bei geringer Symptomatik nicht nötig; in schweren Fällen Arzt verständigen.

Spezifische Therapie

Antihistaminika oder H2-Blocker

Dieses Gift wird von den Fischen nicht wie beim Ciguatoxin mit der Nahrung aufgenommen, sondern entsteht erst nach dem Tod der Tiere durch einen Zersetzungsprozeß, der bei falscher Lagerung einsetzt. Es handelt sich um Bakterien, die sich zwischen 37 und 43 °C am schnellsten vermehren. Diese Bakterien entwickeln sich fast ausschließlich auf schnellen pelagischen Fischen, die ein stark durchblutetes Muskelfleisch besitzen; es ist leicht an der dunklen Färbung zu erkennen. Das Fleisch enthält hohe Anteile der Aminosäure Histidin, aus der das giftige Histamin entsteht. Das Gift ist thermostabil und läßt sich nicht durch Erhitzen oder Tiefkühlen zerstören.
Diese Fischvergiftung ist die zweithäufigste nach Ciguatera-Vergiftungen; Todesfälle sind bisher nicht bekanntgeworden. Werden die Fische fachgerecht gelagert (bis 5 °C), kann es nicht zu einer Scombroid-Vergiftung kommen.

Wichtig! Fische mit Scombrotoxin haben einen scharfen, pfefferartigen Geschmack. Bei der Zubereitung sollte man deshalb keine scharfen Gewürze verwenden. Ist der Fisch trotzdem scharf, sollte er nicht verzehrt werden.

Tetrodotoxin

Vorkommen

Weltweit in tropischen bis gemäßigten Meeren. Meist in Kugel- und Igelfischen.

Symptome

10 Minuten bis mehrere Stunden nach dem Verzehr: prickelndes Gefühl auf der Zunge und Taubheitsgefühl im Mundbereich. Lähmungserscheinungen, Atemlähmung.

Erste Hilfe

Magenspülung mit 2 %iger Natriumbikarbonatlösung. Aktivkohle verabreichen. Bei fortschreitenden Atembeschwerden künstlich beatmen.

Spezifische Therapie

Symptomatische Therapie unter Einschluß von Intensivmaßnahmen. Tetrodotoxin ist ein Aminoperhydrochinazolin-Derivat, das nach einer kurzen Inkubationszeit die Nervenimpulse blockiert. Schon durch ein einziges Giftmolekül wird ein Natriumkanal verstopft.

Das hochwirksame Gift Tetrodotoxin, das auf das Nervensystem wirkt, befindet sich bei Kugel- und Igelfischen im Blut und damit im ganzen Körper. Die höchste Konzentration ist in den Ovarien, der Leber und in der Haut zu finden. Das Gift ist schon lange bekannt, aber die komplette Struktur wurde erst in der Mitte der neunziger Jahre erforscht. Tetrodotoxin mit seiner hohen Komplexität kommt in relativ vielen Tierarten in identischer Form vor, die aber (mit Ausnahme von Krabben) nicht verzehrt werden. Kugelfische synthetisieren das Gift nicht selbst, sondern nehmen es mit der Nahrung auf. Sie werden besonders in Japan häufig verzehrt, da man ihnen in Asien eine aphrodisierende Wirkung zuschreibt. Bei falscher Zubereitung führen viele Vergiftungen zum Tod, der in einem Fall bereits nach 17 Minuten eintrat. Die Symptome können schon 10 Minuten, aber auch erst bis zu mehrere Stunden nach dem Verzehr auftreten. Von 1886 bis 1963 wurden in Japan 10 745 Vergiftungsfälle durch Kugelfische gemeldet, wovon 60 % tödlich verliefen.

Igelfische der Gattungen *Diodon* und *Chylomycterus* werden selten gegessen, deshalb sind nur wenig Vergiftungsfälle bekannt; von Hawaii ist ein Todesfall durch den Verzehr eines Gepunkteten Igelfisches *(Diodon hystrix)* belegt.

In Japan werden Kugelfische von spezialisierten Köchen zubereitet, die dafür eine Lizenz erwerben müssen. Der Name des Gerichts, »Fugu«, wurde von der gleichnamigen Gattung, die häufig zubereitet wird, übernommen; sie kommt nicht in tropischen Gebieten vor. Das leicht toxische Fleisch, das durch weitere komplizierte Behandlungen entgiftet wird, wird in dünne Scheiben geschnitten und roh verzehrt.

Die Giftigkeit der Fische hängt von vielen Faktoren ab: Nicht alle Arten dieser Familie haben eine ähnlich hohe Toxizität; auch Exemplare einer Art, die im selben Gebiet gefangen wurden, können sehr unterschiedlich giftig sein. Außerdem sind saisonale Schwankungen seit langem bekannt. Die einzige Regelmäßigkeit wurde bei Weibchen in der Paarungszeit festgestellt: In ihren Ovarien findet sich eine

Alle Kugel- und Igelfische sind durch Tetrodotoxin sehr giftig. Trotzdem werden sie in Japan als Delikatesse verzehrt. Viele Todesfälle sind das Resultat.

sehr hohe Konzentration des Giftes; dadurch wird die Fortpflanzung und Arterhaltung gesichert. Es empfiehlt sich, auf den Verzehr von Kugel- und Igelfischen und den damit verbundenen Nervenkitzel zu verzichten.
Die Vertreter der Unterfamilie Spitzkopfkugelfische (Canthigasterinae) werden nur wenige Zentimeter lang und sind ebenfalls giftig, werden aber nicht vom Menschen verzehrt.
Kofferfische, die zur gleichen Ordnung der Haftkiefer (Tetraodontiformes) gehören, sind ebenfalls giftig. In Streßsituationen scheiden sie aus Hautdrüsen das starke Gift Pahutoxin aus, das Feinde wirkungsvoll abschreckt. In einem Aquarium kann das Gift eines erregten Kofferfisches alle anderen Fische in kurzer Zeit töten.

Eßbare Schnecken

Verbreitung

Alle Gewässer.

Symptome

Übelkeit, Erbrechen, Durchfall und in schweren Fällen Bewußtseinstrübung. Typisch sind die großen Pupillen.

Erste Hilfe

Beim Beginn erster Symptome innerhalb einer Stunde nach dem Verzehr Erbrechen provozieren. Arzt verständigen.

Spezifische Therapie

Symptomatisch, Rehydratation.

In nur wenigen Gebieten der Erde gehören Meeresschnecken zur regelmäßigen Nahrung der Einheimischen, aber in einigen Küstengebieten werden sie sehr geschätzt, so zum Beispiel in Frankreich oder auf den Bahamas. Auch in der Südsee und in Asien, besonders in Japan, werden Schnecken häufig gegessen, hier kommt es gelegentlich zu Vergiftungen, die nicht immer harmloser Natur sind. Von Borneo sind 5 tödliche Unfälle bekannt, die durch den Verzehr von Olivenschnecken *(Olivia vidua fulminans)* verursacht wurden.
Weitere Gattungen, die giftig sein können oder mit Vergiftungen in Zusammenhang gebracht werden, sind: *Babylonia, Buccinum, Charonia, Fusitrion, Haliotis, Neptunea, Turbo, Tectus* und Hinterkiemer der Gattungen *Aplysia* und *Dolabella.*
Verschiedene Schneckenarten, die normalerweise bedenkenlos gegessen werden können, werden in einem begrenzten Gebiet manchmal plötzlich giftig. Es kommt dann zu besonders häufigen Vergiftungsfällen, da niemand damit rechnet.
Das Gift wird von den Schnecken mit der Nahrung aufgenommen, die genaue Herkunft ist aber nicht bekannt; ein bakterieller Ursprung kann nicht ausgeschlossen werden. Das Gift wird vorwiegend in den Eingeweiden, aber auch im Muskelgewebe wie im Fuß der Schnecke angereichert. Aus Meeresschnecken wurden Saxitoxin, Neosaxitoxin, Surugatoxin, Neosurugatoxin und Gonyautoxin isoliert, bei manchen Arten auch das Gift der Kugelfische – Tetrodotoxin. Die toxische Wirkung schwankt innerhalb einer Art erheblich; bei manchen Individuen in der betroffe-

nen Region konnte kein Gift nachgewiesen werden.
Durch unsachgemäße Zubereitung der Schnecken kann das Gift bestimmter Organe in die Nahrung gelangen. Es ist deshalb empfehlenswert, keine Schnecken zu verzehren, die man nicht kennt oder die in dem Verdacht stehen, gelegentlich Vergiftungen zu verursachen.
Die Symptome nach dem Verzehr von Schnecken, die Tetrodotoxin enthalten *(Charonia sauliae* oder *Babylonia japonica)*, können identisch mit denen einer Muschelvergiftung oder einer Fischvergiftung durch Tetrodotoxin sein.
Schnecken kommen in allen Meeren vor, sind aber nur in bestimmten Gebieten zeitweilig giftig. Am häufigsten treten Vergiftungen im Pazifischen Ozean auf: Japan, Philippinen, Borneo und Südsee.

Eßbare Muscheln

Verbreitung

Weltweit in allen Gewässern.

Symptome

Beginnen 30 Minuten bis 6 Stunden nach der Mahlzeit: Erbrechen, Durchfall, Magen- und Darmkrämpfe. Auch Kribbeln oder Brennen, zuerst im Mundbereich (Zunge und Lippen), dann Gesicht, Hals, Arme, Fingerspitzen, Beine und Füße; anschließend Taubheitsgefühl, das tagelang anhalten kann. Schwäche, Benommenheit, Koordinationsstörungen. Lähmung der Augen- und Gesichtsmuskulatur, auch Doppeltsehen oder temporäre Blindheit sind möglich. Motorische Störungen, Kopfschmerzen, Desorientiertheit, Gedächtnisverlust. In schweren Fällen Bewußtlosigkeit, tiefes Koma, irreversible Hirnschäden. Todesfälle sind selten.

Erste Hilfe

Nur wenn innerhalb der ersten Stunde nach der Mahlzeit Vergiftungssymptomen auftreten, Erbrechen provozieren. Arzt verständigen.

Spezifische Therapie:

Symptomatisch, Rehydratation.

Es ist seit langem bekannt, daß Muscheln – besonders Miesmuscheln – in ihrem Körper Schadstoffe anreichern, die ihnen selbst aber nicht schaden. Sie speichern Schwermetalle wie Quecksilber und andere chemische Stoffe, aber auch Naturgifte, die beim Menschen nach dem Verzehr der Muscheln schwere Vergiftungen hervorrufen können. Das Auftreten der Vergiftungen fällt mit einer starken Vermehrung von Dinoflagellaten – einzelligen Geißelalgen – zusammen (»Algenblüte«). So fand man heraus, daß die Toxine von den Dinoflagellaten stammen, die im Verdauungstrakt der Muscheln nachgewiesen werden konnten. Das Gift wird aller Wahrscheinlichkeit nach nicht von den Dinoflagellaten selbst, sondern von Bakterien produziert, die in den Dinoflagellaten angesiedelt sind.
Oft treten in den verschiedensten Teilen der Erde sporadisch epidemieartige Vergiftungserscheinungen auf, die ein ernsthaftes Gesundheitsrisiko darstellen; nicht selten kommt es zu Todesfällen. Die Mortalitätsrate ist abhängig von der Herkunft

der Muscheln: In Guatemala erkrankten im Sommer 1987 an Muschelvergiftungen 187 Personen, von denen 26 die Krankheit nicht überlebten. Am stärksten sind Kinder unter 16 Jahren gefährdet, die auf das Gift wesentlich sensibler als Erwachsene reagieren. Die tödliche Dosis pro kg Körpergewicht ist bei Erwachsenen etwa 3–7mal höher als bei Kindern. Das bedeutet, daß bei einem Kind mit dem halben Körpergewicht eines Erwachsenen etwa 10 % der Muschelmenge die gleichen Vergiftungserscheinungen hervorrufen können.
Weniger gefährlich scheinen die Vergiftungen in westeuropäischen Ländern zu sein. Im Herbst 1976 erkrankten nach dem Verzehr von spanischen Miesmuscheln etwa 200 Personen, davon 19 in Deutschland, es gab aber keinen Todesfall. Das Gift Saxitoxin wirkt nicht nur beim Menschen toxisch, in manchen Gebieten kommt es bei einer Algenblüte auch zum Massensterben von Fischen.
Die Ursache für die Vergiftungen war lange Zeit unbekannt. Auch wenn man sie heute kennt, ist es fast unmöglich vorauszusagen, wann mit Vergiftungen gerechnet werden muß. Den Muscheln kann man nicht ansehen, ob sie giftig sind, das Toxin ist nicht zu schmecken oder zu riechen und wird beim Kochen oder Braten nicht zerstört. Das einzige Mittel, das die Gifte inaktiviert, ist die alkalische Wirkung von Natron, das den Geschmack der Muscheln aber stark beeinträchtigt.
Es gibt 4 verschiedene Formen von Muschelvergiftungen. Von einer weiß man, daß die Toxine nur temporär gespeichert werden: Muscheln, die eine paralytische Vergiftungsform auslösen, sind etwa 4 Wochen nach dem Verschwinden der Dinoflagellaten wieder genießbar.

Wichtig! Der berühmte Silberlöffel, der beschlagen soll, wenn Muscheln giftig sind, zeigt keinerlei chemische Reaktionen auf das Gift! Die Regel, Fisch und Muscheln nur in den Monaten mit einem »r« zu essen, trifft nur für Europa zu. In tropischen und subtropischen Gebieten treten die Vergiftungserscheinungen in unregelmäßigen Abständen auf. In Amerika kommt es relativ häufig zu Todesfällen durch den Verzehr von verschiedenen Muschelarten. Kinder sollten besser keine Muscheln essen (siehe Text).

Eßbare Krebse

Verbreitung

Alle tropischen und subtropischen Meere, besonders in Korallenriffen.

Symptome

Durch unterschiedliche Gifte kommt es zu verschiedenen Symptomen.

Erste Hilfe

Bei den ersten Anzeichen von Vergiftungssymptomen innerhalb einer Stunde nach der Mahlzeit Erbrechen provozieren und sofort einen Arzt aufsuchen. Mehrere Stunden nach der Mahlzeit ist Erbrechen nicht sinnvoll, eher gefährlich.

Spezifische Therapie

Symptomatisch.

Normalerweise ist der Verzehr von Krebsen ungefährlich, doch sporadisch können viele Arten hochgiftig sein. Besonders zur Fortpflanzungszeit sind die Gonaden der Tiere giftig, aber manche Arten speichern das Gift auch im ganzen Körper. Man nimmt an, daß es, ähnlich wie bei anderen Vergiftungen auch, mit der Nahrungsaufnahme der Tiere zusammenhängt. Gesicherte Kenntnisse, die eine Vergiftung ausschließen könnten, gibt es nicht.

Auch die Zubereitung spielt eine große Rolle: Das Gift wird durch Hitze nicht denaturiert und gelangt beim Kochen in die Brühe oder beim Braten in das Fett. Wenn bei der Zubereitung einer Suppe ein giftiger Krebs mitgekocht wird, ist die Wirkung besonders stark. Ein bekannter Fall soll verdeutlichen, wie gefährlich die Giftwirkung einer einzigen Krabbe sein kann: Ein japanischer Fischer fing bei der Insel Ryukyu eine Krabbe, die in einer Suppe als Einlage gekocht wurde. Von der Mahlzeit aßen die Eltern und drei Kinder, der Rest wurde an ein Schwein verfüttert. Kurz nach der Mahlzeit wurde es dem Vater übel und er sah, wie sich das Schwein erbrach und kurz darauf starb. Auch 6 Hühner, die von dem Erbrochenen gefressen hatten, fand man später tot in der Nähe des Hauses.

Danach wurde der Vater bewußtlos und starb etwa 4 Stunden nach der Mahlzeit. Auch die Hausfrau fand man mit schweren Vergiftungserscheinungen; sie war bewegungsunfähig, konnte nicht sprechen und starb wenig später. Die Kinder wurden durch forciertes Erbrechen und anschließende Krankenhausbehandlung gerettet.

Die größte Gefahr besteht darin, daß niemand weiß, wann die Krabben giftig sind. Derartige Vergiftungen kommen sehr selten vor, wiederholen sich aber in unregelmäßigen Abständen. Wird ein aktueller Todesfall publiziert, sind alle vorsichtig, aber schon nach kurzer Zeit ignoriert man die Gefahr.

In vielen Kabbenarten, hauptsächlich Bewohner von Korallenriffen, konnte man folgende Gifte nachweisen: Saxitoxin, Gonyautoxin, Palytoxin und Tetrodotoxin; letzteres fand man auch in den asiatischen Pfeilschwanzkrebsen.

Folgende Krabbenarten sind als zeitweilig besonders giftig bekannt: *Atergatis floridus, Demania toxica, Demania alcalai, Lophozozymus pictor, Eriphia sebana, Platypodia granulosa, Zosimus aeneus, Carpilius convexus, Carpilius maculatus.* Auch der an Land lebende Palmdieb *(Birgus latro)* ist zeitweilig giftig.

Wichtig! Besonders im Meer lebende Krabben verursachen gelegentlich schwere Vergiftungen, die lebensgefährlich sein können; sie sind aber nur zeitweilig giftig. Über die Ursachen und Zeiträume, wann und wodurch die Tiere giftig sind, kann nur spekuliert werden. Auch wenn diese Vergiftungen nur in großen Zeitabständen auftreten, stellen sie ein großes Risiko dar.

Weitere Gefahren im Meer

Baden und Schnorcheln

Viele Menschen glauben, daß von Meerestieren eine große Gefahr ausgeht, doch die Statistiken zeigen, daß menschliches Versagen wie Selbstüberschätzung, Unkenntnis und Leichtsinn zu weit mehr Unfällen führt. Wer die Naturgewalten unterschätzt, lebt im Meer gefährlich.

Nicht jeder der in einem Schwimmbad mühelos eine Stunde im tiefen Wasser schwimmen kann, ist zwangsläufig auch im Meer ein sicherer Schwimmer. Bei Wellengang muß man nicht nur ausdauernd sein, sondern braucht auch gut funktionierende Atemschutzreflexe, die verhindern, daß man sich verschluckt. Alle Menschen sind von Geburt an mit gesunden Reflexen ausgestattet, die aber verkümmern, wenn sie nicht trainiert werden. Viele Eltern – besonders wenn sie Nichtschwimmer sind – üben mit ihren Kindern nicht, das Gesicht ins Wasser zu tauchen, und schaden ihnen damit ungewollt. Kommen die Kinder später plötzlich mit Wasser in Berührung, z. B. bei einem Sturz in tiefes Wasser, reagieren sie falsch und verschlucken sich. Sobald Wasser in die Luftröhre dringt, kommt es zu einem Stimmritzenkrampf, der schnell zur Besinnungslosigkeit führt, wenn keine fremde Hilfe in der Nähe ist. Ähnlich verhält es sich bei Frauen, die aus Rücksicht auf die Frisur oder das Make-up beim Schwimmen nie das Gesicht ins Wasser tauchen. Die Reflexe verkümmern, und wenn sie im Meer von einer Welle überspült werden, kann es zu einer Fehlreaktion kommen, die schnell zu einem Unfall führt.

Oft passieren schon Unfälle im Flachwasser, wenn ein Ungeübter von einer Welle überrollt und durch den Sog des zurücklaufenden Wassers mitgerissen wird, was nicht nur einen Nichtschwimmer in Gefahr bringen kann. Wer sich nicht zutraut, in einem Schwimmbad in tiefes Wasser zu springen und wenigstens eine Strecke von 15 m zu tauchen, sollte sich nicht für einen sicheren Schwimmer halten, selbst wenn er sich stundenlang über Wasser halten kann.

Beim Schwimmen im Meer ist auch ein bestimmtes Schwimmtempo erforderlich, da man oft sehr spät registriert, wenn man von einer Strömung weggetragen wird. Meeresströmungen sind oft unberechenbar und können sich durch die unterschiedlichsten Umstände sehr schnell ändern. Bei ablandigem Wind erreicht die Oberflächenströmung eine Geschwindigkeit, gegen die auch ein guter Schwimmer unter Umständen nicht anschwimmen kann. Wird das Land trotz größter Anstrengung immer kleiner, kommt man schnell in Panik.

Derartige Unfälle entstehen oft durch Lappalien: Wird ein Ball oder eine Luftmatratze vom Wind weggetragen und man versucht, sie einzuholen, entfernt man sich bei ablandigem Wind und entsprechender Strömung schnell so weit vom Ufer, daß es schwierig werden kann zurückzuschwimmen.

Bei auflandigem Wind entsteht am Ufer eine Brandung, in der viele Menschen gern baden. Bei geübten Leuten sieht das leicht und spielerisch aus, so daß sich viele Nichtschwimmer verleiten lassen, es ihnen nachzumachen. Die gewaltige Energie, die eine Welle durch ihre Wassermasse hat, kann sogar gute Schwimmer in Bedrängnis bringen, besonders dann, wenn der Grund nicht nur aus Sand besteht. An Steinen, Felsen oder Gegenständen, die man nicht sieht, kann man sich schwer verletzen, wenn man von einer großen Welle hin und her geschleudert wird. Auch am Strand angeschwemmte Tiere wie Quallen sind nicht immer harmlos.
Wellen sind besonders deshalb tückisch, weil sie nicht gleich groß sind. Immer wenn man am wenigsten damit rechnet, kommt die größte Welle, was nicht selten zu materiellen oder gar gesundheitlichen Schäden führt. Besonders gefährlich sind große Wellen an Felsenküsten, wenn man sich zu nahe der Wasserlinie aufhält und von der Welle ins Wasser gerissen wird. Das führt schon bei einem harmlosen Verlauf oft zu großflächigen Hautabschürfungen. Ein weiteres Problem ist es, bei Wellengang über die scharfkantigen Steine wieder aus dem Wasser zu kommen. Oft wird man dabei zusätzlich von Seeigelstacheln gespickt. Bei einer schweren Verletzung wie einem Knochenbruch besteht unter diesen Bedingungen Lebensgefahr.
Koralleninseln sind oft von einem Saumriff umgeben, das man bei Brandung meist nicht unbeschadet überqueren kann. Es gibt nur wenige Stellen, die zu passieren sind. Man sollte sich diese Stellen gut merken und sich entsprechende Landmarken einprägen.
Beim Schnorcheln an tropischen Korallenriffen sieht man viele interessante Dinge und vergißt dabei oft nicht nur die Zeit, sondern entfernt sich auch unbemerkt weit von der Einstiegsstelle. Wird man dann in Äquatornähe von der

Die Kräfte der Natur wie Brandung oder Strömung werden von vielen Menschen unterschätzt; dadurch kommt es zu wesentlich mehr Unfällen als durch Meerestiere.

kurzen Dämmerung oder schlechtem Wetter überrascht, kann das sehr unangenehme Folgen haben. Ein tropischer Regenguß, wie er z. B. auf den Malediven häufig vorkommt, kann die Sicht so einschränken, daß man die Insel nicht mehr sehen kann. Durch das Aufschlagen der Regentropfen auf die Wasseroberfläche spritzt das Wasser hoch, und die Sicht beträgt knapp über der Oberfläche oft nur 20 m. Wer eine gute Orientierung besitzt und sich markante Stellen im Riff eingeprägt hat, kann den Weg zurück finden. Menschen mit schlechter Orientierung kommen da leicht in eine prekäre Situation. Man schwimmt dann so weit zurück, wie man sich orientieren kann, und kann nur hoffen, daß der Regenguß nur kurz ist; nicht selten dauert er aber mehrere Stunden oder gar Tage.

Tauchen

Die Gefahr von tiefen Tauchgängen wird von vielen Tauchern unterschätzt, und kaum jemand kann sich richtig vorstellen, wie sich die eingeatmeten Gase unter hohem Druck auf unser Verhalten auswirken können. Jeder Tauchschüler lernt zwar bei seiner Ausbildung, daß Stickstoff ab 40 m Tiefe zu einer Stickstoffvergiftung – dem sogenannten Tiefenrausch – führen kann, die bei manchen unkontrolliertes Verhalten zur Folge hat. Doch je öfter man tief taucht, ohne Probleme zu haben, um so mehr glaubt man, unempfindlich gegen diese Taucherkrankheit zu sein. Ein trügerisches Gefühl, das besonders bei Tauchern, die noch nicht einmal 100 Tauchgänge im Logbuch haben, zu gefährlichen Reaktionen führen kann.
Wer sich bereits mit einem ängstlichen Gefühl der Tiefenrauschgrenze nähert, reagiert meist panisch und schießt nach oben, sobald er die aufsteigende Panik nicht mehr unterdrücken kann. Dieser unkontrollierte Aufstieg kann durch die Ausdehnung der Gasblasen im Körper zu einer Embolie führen, die schwere gesundheitliche Schäden nach sich ziehen kann.
Genauso gefährlich ist es, wenn ein Taucher sich in einer positiven Stimmung befindet, die sich durch den Tiefenrausch zu einer trügerischen Euphorie entwickelt. Er bekommt das Gefühl, daß ihm nichts passieren kann, taucht weiter ab und nähert sich somit sehr schnell einer neuen Gefahr – der Sauerstoffvergiftung. Diese Krankheit kann deshalb so gefährlich werden, weil man sich nicht selbst helfen kann: Durch plötzlich auftretende Krämpfe ist man weder in der Lage, nach oben zu schwimmen, noch die Tarierweste zu bedienen. Da ein Taucher während des Abstiegs spezifisch schwerer als Wasser ist, sinkt er kontinuierlich weiter ab und erlebt bei vollem Bewußtsein die Ausweglosigkeit, in der er sich befindet. Er kann nur hoffen, daß sein Tauchpartner die Situation erkennt, richtig einschätzt und genügend Erfahrung besitzt, ihn aus dieser mißlichen Lage zu befreien. Unter Umständen verliert er noch das Mundstück und erstickt.
Derartige Unfälle passieren oft deshalb,

Schnorcheln in sehr flachem Wasser kann gefährlich werden, wenn man einen eingegrabenen Stechrochen übersieht. Diese Fische verlassen sich auf ihre Tarnung und fliehen nicht.

weil viele Taucher immer wieder beweisen möchten, was für tolle Kerle sie sind. Diesen Wahn haben Frauen relativ selten, doch kommt auch das heute im »Zeitalter der Emanzipation« schon gelegentlich vor. Der aktivere von zwei Tauchpartnern animiert häufig seinen Partner zu gefährlichen Aktionen, und dieser willigt ein, weil er nicht als Feigling dastehen möchte. In Wirklichkeit würde er lieber einen gemütlichen Tauchgang ohne Streß machen und kommt deshalb unter Umständen in Situationen, die ihm den Tauchgang verderben oder ihn gar in eine gefährliche Situation bringen.

Vor Taucherpartnern, die viel über tolle Erlebnisse reden, sollte man sich hüten. Sie versuchen damit oft, ihre Ängste zu überspielen. Sobald sie unter Wasser sind und nicht mehr reden können, sind sie oft die ersten, die Angst bekommen. Traue nie einem unbekannten Taucher, der große Sprüche klopft!

Panik kann auch dann auftreten, wenn ein Taucher sich anstrengt und der Sauerstoffbedarf und damit die Atemfrequenz ansteigt. Das führt oft zu einem Verhalten, das »Essoufflement« genannt wird: Die hastige Atmung wird durch den erhöhten Energiebedarf der Atemmuskulatur immer schneller und dadurch flacher, bis der Betroffene glaubt, der Atemregler gibt nicht genug Luft ab. Man verbraucht dabei viel Luft und führt dem Körper nur wenig Sauerstoff zu, weil die verbrauchte Luft nicht richtig abgeatmet wird. Sobald man die ersten Anzeichen dieses Teufelskreises spürt, muß man dem Tauchpartner »Erschöpfung« signalisieren, damit eine Pause eingelegt werden kann. Auch hier kommt es gelegentlich zu Unfällen, weil »starke Männer« keine Schwäche zugeben möchten. Der Betroffene sollte sich so wenig wie möglich bewegen und muß sich auf die Atmung konzentrieren. Vor allem sollte er tief und langsam atmen, bis er sich beruhigt hat; dann steigt man in flacheres Wasser auf.

Eine häufig unterschätzte Gefahr sind Tauchgänge bei Strömung. Immer wieder kommt es dabei zu Unfällen mit tödlichem Ausgang, und die Betroffenen werden nicht mehr gefunden. Relativ sicher ist man nur, wenn man das Einsetzen der Strömung rechtzeitig bemerkt. Stoppt man in regelmäßigen Ab-

ständen seine Schwimmbewegung, kann man eine einsetzende Strömung sehr zeitig wahrnehmen. Da viele Taucher während des gesamten Tauchganges schwimmen, weil sie ständig etwas zu verpassen glauben, registrieren sie durch ihr Schwimmtempo die Strömung viel zu spät. Oft bleibt dann nur ein Aufstieg im Freiwasser, der nicht immer harmlos ist, besonders wenn man von Land aus taucht. Bei einem Tauchgang von einem Boot aus bietet eine aufblasbare Taucherboje relativ große Sicherheit, die auch bei Seegang an der Oberfläche von der Bootscrew gesehen werden kann. Lichtsignale werden am Tag wegen der Sonneneinstrahlung und der Reflexion der Wasseroberfläche oft nicht vom Boot aus gesehen. Auch Schreien und Pfeifen kostet nur unnötige Energie, da diese Signale wegen der Fahrgeräusche des Bootes meist nicht zu hören sind.
Man könnte diese Aufzählung beliebig fortsetzen, doch hat jeder Taucher bei seiner Ausbildung viel über Gefahren und darüber, wie man sie vermeiden kann, gelernt. Offensichtlich werden sie nicht ernst genommen, sonst würde es nicht so viele Unfälle geben.
Gemessen an der großen Zahl von Menschen, die täglich im Meer baden, Schnorcheln oder Tauchen, gibt es sehr wenig Unfälle mit Tieren. Man könnte fast von einem Phänomen sprechen, wenn man regelmäßig erlebt, mit welcher Unkenntnis sich Taucher Tieren nähern, die sehr gefährlich werden können. Sie schwimmen auf potentiell gefährliche Haiarten zu, weil sie glauben, einen harmlosen Riffhai vor sich zu haben. Wer die Tiere nicht richtig identifizieren kann, sollte sich besser zurückhalten.
Eine andere Unsitte, die man nur als Dummheit bezeichnen kann, ist das Bedürfnis, Fische streicheln zu wollen. Fast jede Fischart ist mit Verteidigungswaffen ausgestattet, die einem Menschen schmerzhafte Wunden zufügen können. Eltern, die ihr Kind im Meer Schnorcheln oder gar einen Tauchkurs machen lassen, können es gar nicht eindringlich genug vor diesen »Kuscheltier-Emotionen« warnen.
Eine weitere wichtige Maßnahme zur Unfall-Prophylaxe sind Weiterbildung und regelmäßiges Training. Wer sich vor dem Urlaub richtig vorbereitet, hat mehr vom Tauchen und lebt sicherer.

Verhalten bei Unfällen im Meer

Wird man beim Tauchen oder Schnorcheln im Meer verletzt, muß man ruhig und besonnen handeln. Ein hektischer Aufstieg – besonders aus großer Tiefe – verursacht unter Umständen schwerwiegendere Folgeschäden als die Verletzung durch ein Tier. Panik verschlimmert die Situation und sollte unter allen Umständen unterdrückt werden. Ein kontrollierter Aufstieg verhindert die Gefahr einer Embolie oder Caissonkrankheit. Auch bei Notfällen sollte die Aufstiegsgeschwindigkeit möglichst nicht schneller als 10 m/min sein.

Verletzungen mit Blutverlust

Bei Verletzungen mit Blutverlust – auch bei geringen Mengen – sollte man das Meer so schnell wie möglich verlassen, da die Gefahr besteht, daß dadurch Haie angelockt werden. Aber nicht nur Haie, sondern auch andere Fische können auf Blutgeruch heftig reagieren, da sie nach dem Ursprung der potentiellen Nahrungsquelle suchen. Sie schwimmen hektisch und senden dabei Frequenzen aus, die andere Raubfische anlocken. Auf diese Weise können Haie schneller alarmiert werden, als sich das Blut im Wasser verteilt.

Giftstiche

Verletzt man sich im Meer an den Stacheln eines Giftfisches, weiß man meistens nicht, ob die Verletzung gefährlich ist, denn nicht bei jedem Stich gelangt auch Gift in die Wunde. Spürt man außer der mechanischen Stichverletzung keinen extremen Schmerz, kann man davon ausgehen, daß wahrscheinlich kein Gift in die Wunde gelangt ist. Das Gift macht sich durch starkes Brennen bemerkbar.

Betroffene reagieren oft panisch und nehmen sich nicht die Zeit, das betreffende Tier zu identifizieren. Da die Gefahr einer zweiten Verletzung unwahrscheinlich ist, sollte man sich die Merkmale des Fisches so gut wie möglich einprägen. Diese wenigen Sekunden Zeitverlust verschlimmern die Situation nicht und machen eine spezifische Behandlung möglich.

Nach dem Verlassen des Wassers sollte man sich so ruhig wie möglich verhalten, damit sich das Gift im Körper nicht so schnell verteilen und zu den lebenswichtigen Organen gelangen kann.

Giftbisse

Bisse durch **Seeschlangen** sind schmerzlos und werden oft nicht wahrgenommen. Falls Gift in die Wunde gelangt ist, wirkt es beim Menschen langsam. Obwohl bei den meisten Bissen gar kein Gift injiziert wird, muß bei dem geringsten Verdacht so schnell wie möglich ein Kompressionsverband angelegt werden (Seite 158). Ein Antiserum darf nicht prophylaktisch auf einen vagen Verdacht hin verabreicht werden, sondern wird erst injiziert, wenn eindeutige Vergiftungssymptome festgestellt werden. Es ist aber sinnvoll, sich nach der Erstversorgung zu erkundigen, wo ein Antiserum zu bekommen ist.

Der **Blauring-Oktopus** verfügt im Gegensatz zu Seeschlangen über ein sehr schnell wirkendes Gift, das in kurzer Zeit zu einer Atemlähmung führt; der Biß ist ebenfalls kaum spürbar. Der Betroffene muß das Wasser so schnell wie möglich verlassen und mit einem Kompressionsverband versehen werden. Bei fortschreitenden Atembeschwerden sofort mit künstlicher Beatmung beginnen, die nicht unterbrochen werden darf, bis der Patient von einem Notarzt übernommen wird.

Muränenbisse können bei wenigen Arten schmerzhaft sein, sind aber für den Menschen nicht gefährlich.

Erste Hilfe

Überblick über die behandelten Themen Seite

Die folgende Beschreibung von Behandlungsmethoden kann selbstverständlich keinen Erste-Hilfe-Kurs ersetzen, sondern dient lediglich der Auffrischung bereits erlernter Kenntnisse. Die Texte wurden speziell den Erfordernissen bei Unfällen mit Meerestieren angepaßt und schließen neue medizinische Erkenntisse ein.

Bei jedem Unfall mit Meerestieren sollte, wenn es die Zeit erlaubt, ein **Protokoll** geführt werden mit allen Angaben des Betroffenen, Zeugenaussagen, Unfallhergang, Zeiten, Identifikation des Tieres, Symptomen, Verlauf des Krankheitsbildes, eingeleiteten Maßnahmen und allen Beobachtungen, die von Bedeutung sein könnten.

Besonders ist darauf zu achten, daß keine veralteten Erste-Hilfe-Methoden oder Hausmittel angewendet werden, die nicht selten schädlich sind:

- Extremitäten nur im äußersten Notfall abbinden, auch nicht bei einer Schlagaderverletzung; ein Blutstau kann schnell zu Gewebsschädigungen mit schweren Folgeschäden führen.
- Biß- oder Stichwunden nicht einschneiden, aussaugen, auspressen oder gar ausbrennen; es kann dadurch zu massiven Blutungen kommen, da manche Gifte die Blutgerinnung beeinflussen.
- Keine Heißwasserbehandlung anwenden; dadurch wird der Patient zusätzlich belastet.
- Dem Verunglückten keinen Alkohol, Kaffee oder Speisen verabreichen oder gar einflößen.

Allgemeines

Schockbehandlung

Bei vielen Unfällen sterben Verunglückte nicht an den Verletzungen, sondern am Schock. Deshalb muß bei jeder schweren Verletzung auf die Schockbehandlung größten Wert gelegt werden. Schock ist Ausdruck eines Kreislaufzusammenbruches mit Mikrozirkulationsstörung, der ohne Behandlung zum Organversagen führen kann.

Bei einem Schock ist die Haut blaß, feucht oder fleckig. Der Patient ist ansprechbar, unruhig und hat eine schnelle Atmung, niedrigen Blutdruck und gelegentlich Schüttelfrost. Gewöhnlich ist der Puls flach, hat aber eine hohe Frequenz (100–140 Schläge/min).

Der Verunglückte wird auf den Rücken gelegt, die Beine erhöht gelagert und wenn möglich mit reinem Sauerstoff versorgt (5–10 l/min). Atmung und Kreislauf müssen kontinuierlich überwacht werden. Patient warmhalten. Die Schocklagerung darf nicht bei bewußtlosen Personen angewendet werden!

Bewußtlosigkeit

Bei einer bewußtlosen Person muß sofort die Atmung überprüft werden: Ist das Heben und Senken des Brustkorbes nicht erkennbar, kann der Helfer mit dem Ohr nahe an Mund und Nase des Verunglückten auf Atemgeräusche achten. Falls keine Geräusche hörbar sind, das eigene Auge so dicht an Mund und Nase des Verunglückten halten, daß

selbst geringste Luftbewegungen am offenem Auge fühlbar werden. Auch mit Watte oder anderen leichten Fasern, die an Mund- und Nasenöffnung mit Klebeband fixiert werden, kann die Atmung gut beobachtet werden. Bei vorhandener Atmung wird der Betroffene in die **stabile Seitenlage** gebracht.
Wenn keine Spontanatmung wahrnehmbar ist, muß geprüft werden, ob die Atemwege frei sind. Der Patient wird 2–5mal beatmet, anschließend muß die Herztätigkeit überprüft werden. Dabei wird der Puls an der Halsschlagader neben dem Kehlkopf mit den Fingerspitzen ertastet und bei intakter Herzfunktion die Beatmung fortgesetzt.
Ist innerhalb von 10 Sekunden keine Herztätigkeit festzustellen, muß sofort mit der **Herzdruckmassage** begonnen werden.
Das Testen der Pupillenreaktion ist unzuverlässig und bedeutet eine unnötige Zeitverschwendung, da die Pupillen erst 3–4 Minuten nach dem Kreislaufzusammenbruch lichtstarr werden.

Stabile Seitenlage

Ein Verunglückter muß in die stabile Seitenlage gebracht werden, wenn er besinnungslos ist oder die Gefahr besteht, daß er ohnmächtig wird. Der Patient wird auf der linken Seite gelagert, damit der rechte Lungenflügel mit dem größeren Volumen nicht beengt wird. Der linke Arm wird unter das angehobene Gesäß gelegt und das linke Bein angewinkelt. Der Körper wird auf die linke Seite gedreht und der Kopf überstreckt auf den rechten Arm gelegt, damit die Atemwege nicht durch die Zunge verlegt werden können. Das Gesicht muß schräg nach unten zeigen, damit im Falle des Erbrechens der Mageninhalt nicht in die Luftröhre gelangen kann.

Beatmung

Wird bei einem Verunglückten festgestellt, daß die Spontanatmung ausfällt und die Herzfunktion einwandfrei ist, muß vor der Beatmung geprüft werden, ob die Atemwege frei von Fremdkörpern sind. Beim Beatmen muß der Patient auf einer flachen, festen Unterlage in Rückenlage liegen. Bevor mit der Mund-zu-Nase- (Mund-zu-Mund-) Beatmung begonnen wird, muß der Hals etwas nach hinten überstreckt werden, indem das Kinn nach oben gehoben und die Stirn nach unten gedrückt wird. Beengende Bekleidung muß geöffnet werden.
Die Beatmung erfolgt im Rhythmus:
- 10–15mal pro Minute bei Erwachsenen und Jugendlichen,
- 15–20mal bei Kindern von 1–8 Jahren,
- 20–30mal bei Säuglingen bis zu einem Jahr.

Herzdruckmassage

Wird bei einem Verunglückten Herzstillstand festgestellt, muß Herzdruckmassage zusammen mit künstlicher Beatmung durchgeführt werden. Dazu sollten möglichst 2 Helfer zur Verfü-

gung stehen, weitere Helfer verständigen sofort einen Notarzt. Die Erste Hilfe kann notfalls auch von einer Person durchgeführt werden.
Der erste Helfer beginnt mit 2 langsamen Atemstößen. Danach den Puls für 10 Sekunden prüfen.
Bei der Herzdruckmassage liegt der Patient in Rückenlage auf einer festen Unterlage und der zweite Helfer kniet neben ihm. Die Hände dieses Helfers liegen übereinander und der Handballen der unteren Hand auf dem Brustbein des Verunglückten, etwa 2 Fingerbreit über der Magengrube. Mit gestreckten Armen erfolgen bei Erwachsenen 5 kurze harte Stöße auf das Brustbein.
Dann weiter im Wechsel: **1 Atemstoß, gefolgt von 5 Herzstößen,** bis die Eigenatmung wieder einsetzt.
Bei einem Helfer erfolgt die Wiederbelebung im Rhythmus 2:15.
Die Herzdruckmassage erfolgt im Rhythmus:
- Erwachsene und Jugendliche 80mal pro Minute zweihändig,
- Kinder von 1–8 Jahren 100mal einhändig,
- Säuglinge bis zu einem Jahr 100mal mit den Fingerspitzen.

Alle 2 Minuten muß geprüft werden, ob die Herzfunktion wieder eingesetzt hat.
Sollte es bei der Herzdruckmassage zu einem hörbaren Rippenbruch kommen, ist die Behandlung ohne Unterbrechung fortzusetzen.
Die Herzdruckmassage darf erst nach 45 Minuten erfolgloser Wiederbelebung abgebrochen werden, oder wenn ein Arzt den Tod feststellt.

Druckverband

Bei **Schlagaderverletzungen** und starken venösen Blutungen muß ein Druckverband angelegt werden. Möglichst eine sterile Kompresse (oder ein sauberes Taschentuch klein zu zusammenfalten) auflegen und fest bandagieren; notfalls die Wunde mit dem Daumen oder dem Handballen abdrücken.
Der Druckverband muß jeweils nach einer Stunde für 5 Minuten gelöst werden, damit eine Gewebsschädigung durch Mangeldurchblutung verhindert wird.

Schlagaderverletzung (pulsierende Blutung)

Bei arteriellen Blutungen am Arm muß die Arterie in der Achsel, am Bein in der Leiste abgedrückt werden. Beherrscht der Helfer diese Technik nicht, kann er mit dem Daumen (bei größeren Verletzungen mit dem Handballen) die Wunde direkt abdrücken. Schnelle Hilfe ist wichtiger als eine sterile Behandlung, die mit Zeitverlust verbunden ist. Danach kann von einem zweiten Helfer ein **Druckverband** angelegt werden.
Die betroffene Extremität muß bei jeder starken Blutung noch gelagert werden, damit der Blutdruck in Höhe der Verletzung verringert wird.
Wenn die Blutung nicht zu stillen ist, kann im äußersten Notfall, die Extremität abgebunden werden. **Warnung!** Hierbei kann es zu gravierenden Folgeschäden kommen, die zu einer Amputation führen können.

Am Bein wird an der Innenseite des Oberschenkels (so nahe wie möglich oberhalb der Verletzung), am Arm an der Innenseite des Oberarmes ein fester Gegenstand (mehrfach verknotetes Taschentuch) aufgesetzt und mit einer Binde oder einem Gürtel fest angedrückt, bis die pulsierende Blutung aufhört. Der Verband muß alle 30 Min. für 5 Minuten gelöst werden! Falls die pulsierende Blutung wieder beginnt, muß in dieser Zeit die Stelle mit der Hand abgedrückt werden.

Transport zum Arzt

Bei allen ernsteren Verletzungen durch Meerestiere sollte der Patient möglichst nicht selbst zum Arzt gehen, sondern liegend transportiert werden, sofern der Arzt nicht zum Unfallort kommen kann. Besonders bei Vergiftungen (auch durch äußere Gifteinwirkung) muß jede unnötige Bewegung oder Anstrengung vermieden werden, weil sich dadurch das Gift schneller im Körper verteilt. In Entwicklungsländern ist nicht damit zu rechnen, daß ein Rettungssystem bzw. eine medizinische Infrastruktur wie in Europa vorhanden ist.

Schmerz- und Beruhigungsmittel

Schwach wirkende Schmerz- und Beruhigungsmittel, die von Laien verabreicht werden dürfen, haben bei Verletzungen durch Meerestiere keine ausreichende Wirkung. Vor allem Acetylsalicylsäure-Präparate, die eine blutverdünnende Wirkung haben, sollten aufgrund einer möglichen Beeinträchtigung der Blutgerinnung bei offenen Verletzungen vermieden werden. Es sollte deshalb bei derartigen Unfällen immer ein Arzt hinzugezogen werden. Wenn ein Patient einen stabilen oder erhöhten Puls hat, sind Beruhigungsmittel hilfreich, besonders bei Angstzuständen, die bei Unfällen mit Gifttieren sehr häufig auftreten.

Mechanische Verletzungen im Meer

Wundbehandlung

Um einer Tetanusinfektion vorzubeugen, ist vor einer Reise eine Schutzimpfung generell zu empfehlen.
Bei allen nicht zu stark blutenden Wunden, die im Meer verursacht wurden, ist bereits Wasser in die Wunde gelangt und damit auch Keime. Man kann sich also bedenkenlos vor der Wundversorgung mit sauberem Wasser waschen oder duschen.
Wunde mit keimfreiem Wasser und einem Zusatz eines Wunddesinfektionsmittels wie Betaisodona® unter Druck ausspülen, trocknen und desinfizieren.
In warmen Gebieten haben sich als Wundbehandlung bei kleinen Wunden Mercuchrom® oder Gentianaviolett wegen seiner austrocknenden Wirkung bewährt; die weit verbreitete Meinung, Mercuchrom® würde Quecksilber in schädlicher Form enthalten, ist falsch.
In Gebieten mit kühlerem Klima und

geringer Luftfeuchtigkeit wird Betaisodona® empfohlen.
Saubere Schnittwunden, z. B. durch Doktorfische, mit Klammerpflaster zusammenziehen und steril verbinden.
Stark blutende Wunden mit einem **Druckverband** versehen. Eine Blutung kann schneller gestillt werden, wenn die betroffene Extremität hoch gelagert wird. Dadurch wird der Blutdruck in Höhe der Verletzung gesenkt. Pulsierende Blutung: siehe Schlagaderverletzung.
Kleinere Wunden, die nicht nässen, sollten in den Tropen nicht verbunden werden, damit sie an der Luft trocknen können. Zum Schutz vor Verunreinigung kann ein luftdurchlässiger Schutzverband angelegt werden. Verbände oder Pflaster, die naß werden, müssen sofort entfernt werden, damit keine feuchte Kammer entsteht, die zu einer Sekundärinfektion führen kann.

Stiche

In vielen Büchern wird empfohlen, abgebrochene Stacheln von Seeigeln und Borstenwürmern mit Klebeband zu entfernen; diese Methode ist allerdings nur bei oberflächlich haftenden Stacheln erfolgreich.
Das Ziehen von Seeigelstacheln mit einer Pinzette oder Kanüle bringt nur bei relativ dicken Stacheln den gewünschten Erfolg, da dünne Stacheln oft mit Widerhaken versehen sind. Keine Stacheln entfernen, die sich unter der Haut befinden. Zur Vermeidung von Sekundärinfektionen müssen die Stichwunden desinfiziert werden. In den meisten Fällen lösen sich die Stacheln nach ein paar Tagen auf oder kapseln sich ein; vereinzelt bilden sich kleine Eiterpickel.
Nur wenn ein Stachel in ein Gelenk eindringt, kann es zu schwerwiegenden Folgeschäden kommen. In diesem Fall muß dringend ein Arzt aufgesucht werden. Die Stacheln sind radiologisch gut darzustellen.

Prellungen und Quetschungen

Bei Prellungen oder Quetschungen einen Eisbeutel auflegen; Kälte lindert akute Schmerzen, hilft aber selten bei chronischen Beschwerden.

Verletzungen durch Gifttiere

Nesselverletzungen

Beim Kontakt mit Nesseltieren explodieren nicht alle der giftigen Nesselkapseln; viele Kapseln bleiben in einer Schleimschicht aktiv und entladen sich bei erneuter Berührung. Durch das Bedürfnis, an der betroffenen Stelle zu kratzen oder zu reiben, verstärkt sich die Giftwirkung erheblich! Man kann bereits im Wasser durch wedelnde Handbewegungen nahe der betroffenen Stelle einen Wasserstrom erzeugen und den Schleim mit den aktiven Nesselzellen teilweise abtragen.
Oft bleiben auch abgerissene Tentakelstücke an der Haut hängen, die mit Meerwasser abgespült werden können, aber niemals mit Süßwasser oder Alkohol. Dadurch explodieren weitere Nes-

selkapseln. Die Inaktivierung der Nesselkapseln kann nur artspezifisch erfolgen, da es kein universell wirkendes Mittel gibt (siehe Nesseltiere, Seite 27). Bei den Giften handelt es sich um Proteine, die nach ihrer Wirkung in 2 Gruppen eingeteilt und unterschiedlich behandelt werden:
Cytolysine greifen die Zellmembranen an und lassen sie porös werden.
Neurotoxine sind Polypeptide, die an den Nervenmembranen eine Dauererregung auslösen. Diese bewirkt eine Lähmung durch kontinuierliche Muskelkontraktion. Dieses Gift besitzt große Moleküle, die in den Lymphbahnen transportiert werden. Durch einen **Kompressionsverband** kann der Transport des Giftes verzögert werden. Bei Kontakt mit gefährlichen Arten wie der Seewespe kann es zu einer Atemlähmung kommen. Bei fortschreitenden Atembeschwerden ist sofort mit der **Beatmung** zu beginnen. Bei Übertragung von Nesselgift ins Auge darf nur mit viel Wasser gespült werden.
Verbrennungsartige Hautveränderungen, z. B. Blasenbildung und Hautdefekte, lokal mit Silbersulfadiazine behandeln, damit eine Sekundärinfektion vermieden wird.

Kompressionsverband

Bei jeder äußeren Gifteinwirkung durch Neurotoxine wie Bisse von Seeschlangen oder Blauring-Oktopus, Stiche von Kegelschnecken oder Vernesselungen durch die berüchtigte Seewespe muß so schnell wie möglich ein Kompressionsverband nach Sutherland (Pressure/Immobilisation Procedure) an der betroffenen Extremität angelegt werden (nicht zu verwechseln mit Abbinden) und der Patient schnellstens ins nächste Krankenhaus transportiert werden. Am besten eignen sich breite elastische Binden, die vom Laien von unten nach oben angelegt werden sollten; dadurch kann der Patient bei zu fester Wicklung feststellen, ob es zu einem Blutstau kommt. Notfalls können auch breite Stoffstreifen verwendet werden. Es muß vermieden werden, daß Druckstellen durch Falten entstehen. Nach dem Bandagieren ist die Extremität ruhigzustellen, jede Bewegung ist zu unterlassen. Der Kompressionsverband darf erst im Krankenhaus von einem Arzt entfernt werden.

Ruhigstellen

Das Ruhigstellen einer Extremität verhindert Schwellungen und einen schnellen Gifttransport zu den lebenswichtigen Organen.
Ein Arm wird mit einer Schlinge oder einem Dreiecktuch ruhiggestellt, ein Bein muß geschient werden. Beim Schienen sind Druckstellen durch weiche Polster zu vermeiden.

Giftstiche

Verletzt man sich im Meer an den Giftstacheln eines Fisches, merkt man bei heftigem Brennen, daß Gift in die Wunde gelangt ist. Die Wunde so schnell wie möglich mit warmem Wasser unter

Druck ausspülen (Injektionsspritze ohne Nadel), möglichst mit einem Zusatz von Wunddesinfektionsmittel. Alle Gifte, die durch die Stacheln von Rochen, Korallenwelsen, Steinfischen, Skorpionsfischen, Teufelsfischen, Feuerfischen oder Petermännchen injiziert werden, sind Eiweißgifte, die in ihrer Zusammensetzung nicht genau bekannt sind. Das Eiweiß gerinnt bei 52 °C und das Gift wird inaktiv. Deshalb wurden Giftstiche bisher mit heißem Wasser behandelt, was jedoch zu Verbrühungen führen kann, da das Zelleiweiß bei der gleichen Temperatur gerinnt. Bei derartigen Behandlungsmethoden sind die Brandverletzungen oft schlimmer als die Giftwirkung. Die Heißwasserbehandlung ist mittlerweile sehr umstritten, und das aus gutem Grund: Der Blutkreislauf arbeitet wie eine Klimaanlage und transportiert lokal einwirkende Hitze durch Erweiterung der Blutgefäße schnell ab, so daß es nicht zu der gewünschten Gerinnung kommen kann. Auch kann das Gift, das sich bereits in der Blutbahn befindet, nicht mehr durch Wärme inaktiviert werden. Es ist deshalb von einer Heißwasserbehandlung dringend abzuraten.
Andererseits ist bekannt, daß Wärme die Schmerzen lindert; dies hat aber den Nachteil, daß das Gift durch die Gefäßerweiterung schneller zu den lebenswichtigen Organen gelangt. Einer medikamentösen Schmerzbehandlung durch einem Arzt ist in jedem Fall der Vorzug zu geben. Nur wenn kein Arzt erreichbar ist, kann bei gesunden Patienten eine 45 °C **heiße Kompresse** aufgelegt werden. Vor dem Auflegen der Kompresse kann der Patient die Temperatur auf gesunder Haut prüfen, aber niemals an der Einstichstelle, da durch die Giftwirkung das Temperaturempfinden gestört sein kann.

Abgebrochene Giftstacheln

Bei Unfällen mit Stech- und Adlerrochen kann ein Giftstachel in der Wunde steckenbleiben oder abbrechen. Dabei gelangen relativ große Giftmengen in die Wunde und verursachen große Schmerzen. Der Stachel darf nicht von Laien aus der Wunde gezogen werden, da er mit vielen Widerhaken versehen ist, sondern muß so schnell wie möglich operativ entfernt werden.
Die Wunde mit warmen Wasser unter Druck ausspülen, damit möglichst viel Gift ausgeschwemmt wird. Wenn kein Arzt verfügbar ist, können bei einem gesunden Patienten zur Schmerzlinderung 45 °C **heiße Kompressen** um den Stachel plazieren werden.

Heiße Kompressen

Als heiße Kompressen eignen sich Thermobeutel (Kühlbeutel), die in heißes Wasser gelegt werden, oder ein in heißem Wasser getränktes Tuch, das in einen Plastikbeutel gesteckt wird. Die Temperatur darf nicht höher als 45 °C sein, jedoch nicht heißer, als es der Patient auf gesunder Haut verträgt. Niemals auf der geschädigten Stelle prüfen, da die Temperaturempfindung durch die Giftwirkung gestört sein kann.

Giftbisse

Die Giftwirkung bei Bissen von Seeschlangen und dem Blauring-Oktopus ist zwar lebensgefährlich, aber nicht schmerzhaft. Es kommt also auf eine schnelle Reaktion des Helfers an – auch wenn nur der Verdacht einer Giftinjektion besteht. Es muß sofort ein **Kompressionsverband** angelegt, noch bevor die ersten Symptome auftreten. Dadurch wird der Gifttransport zu den lebenswichtigen Organen verzögert. Die Extremität **ruhigstellen, stabile Seitenlage** und möglichst den Patienten nicht allein lassen. Sofort einen Notarzt verständigen und bis zum Eintreffen des Arztes Atmung und Kreislauf überwachen. Bei fortschreitenden Atembeschwerden muß sofort mit der **Beatmung** begonnen werden.

Genußgifte

Bei Vergiftungsanzeichen nach dem Genuß von Meerestieren sofort einen Notarzt verständigen.
Nur wenn innerhalb der ersten Stunde nach einer Mahlzeit Symptome auftreten, ist es sinnvoll, Erbrechen zu provozieren.
Längere Zeit nach der Mahlzeit ist Erbrechen gefährlich, da es durch die Giftwirkung zu Lähmungen im Schlund- und Kehlkopfbereich kommen kann und Erstickungsgefahr besteht, wenn Erbrochenes in die Luftröhre gelangt.
Infolge von Erbrechen und Durchfall kommt es zu massivem Flüssigkeitsverlust, der durch salzhaltige Flüssigkeit oder Infusionen ausgeglichen werden muß.

Giftnotruf

Da im Ausland, insbesondere in Ländern der »Dritten Welt«, sowohl die Infrastruktur als auch die medizinische Versorgung oft nicht den Standard erreichen, wie wir ihn aus Mitteleuropa gewohnt sind, kann es im Notfall schwierig sein, schnelle und kompetente medizinische Versorgung oder Beratung zu erhalten.
Bei Unfällen mit Gifttieren oder bei Vergiftungen kann man auch im Ausland über den Giftnotruf in Deutschland kompetente Fachauskünfte erhalten.
Wählt man den Giftnotruf München, Tel.: +49-89-19240 und die Zentrale ist nicht besetzt, wird das Telefonat automatisch an eine andere Giftnotzentrale (siehe Aufstellung rechts) weitergeleitet (24-Std.-Dienst).
Bei der angegebenen Telefonnummer ist 49 die Länderkennummer für Deutschland, das + steht für die (von Land zu Land unterschiedlichen) Vorwahlziffern für Telefongespräche ins Ausland.

Deutsche Giftnotrufzentren

Stand März 2005

Landesberatungstelle für Vergiftungserscheinungen und Embryonaltoxikologie
Spandauer Damm 130, Haus 10, D-14050 **Berlin**
Tel.: 030 19240

Giftinformationszentrum Nord
Pharmakol. und toxikol. Zentrum der Universität Göttingen
Robert-Koch-Str. 40, D-37075 **Göttingen** • Tel.: 0551 19240

Informationszentrale gegen Vergiftungen der Rheinischen Friedrich-Wilhelm-Universität, Zentrum für Kinderheilkunde
Adenauerallee 119, D-53113 **Bonn**
Tel.: 0228 19240

Beratungsstelle bei Vergiftungen der II. Med. Klinik und Polyklinik der Universität
Langenbeckstr. 1, D-55131 **Mainz** • Tel.: 06131 19240

Informationzentrale für Vergiftungen, Universitätskinderklinik Freiburg
Mathildenstr. 1, D-79106 **Freiburg**
Tel.: 0761 19240 (24-Std.-Dienst)

Giftnotruf München, Toxikologische Abteilung der II. Med. Klinik rechts der Isar der TUM
Ismaninger Str. 22, D-81675 **München** • Tel.: 089 19240

Toxikologische Intensivstation der II. Med. Klinik im Städt. Klinikum
Flurstr. 17, D-90419 **Nürnberg** • Tel.: 0911 398 2451

Gemeinsame Giftinformationszentrale der Länder Mecklenburg-Vorpommern. Sachsen, Sachsen-Anhalt, Thüringen, c/o Klinikum Erfurt GmbH
Nordhäuser Str. 74, D-99098 **Erfurt**
Tel.: 0361 730 730

System der Meerestiere

Systematische Gruppen, die im Buch besprochen werden, erscheinen in fetter Schrift

Stamm: **Schwämme** – Porifera

Stamm: Nesseltiere – Cnidaria
- Klasse: **Hydrozoen** – Hydrozoa
    - Familie: **Feuerkorallen** – Milleporidae
  - Ordnung: **Staatsquallen** – Scyphonophora
- Klasse: **Schirmquallen** – Scyphozoa
- Klasse: **Würfelquallen** – Cubozoa
- Klasse: **Blumentiere** – Anthozoa
  - Unterklasse: Sechsstrahlige Korallen – Hexacorallia
    - Ordnung: Zylinderrosen – Ceriantharia
    - Ordnung: **Anemonen** – Actiniaria
    - Ordnung: Steinkorallen – Madreporaria
    - Ordnung: Krustenanemonen – Zoantharia
    - Ordnung: Dörnchenkorallen – Anthipatharia
  - Unterklasse: Achtstrahlige Korallen – Octocorallia
    - Ordnung: Weichkorallen – Alcyonacea
    - Ordnung: Hornkorallen – Gorgonacea
    - Ordnung: Seefedern – Pennatulacea

Stamm: Weichtiere – Mollusca
- Klasse: Schnecken – Gastropoda
  - Unterordnung: Schmalzüngler – Stenoglossa
    - Familie: **Kegelschnecken** – Conidae
  - Unterordnung: **Fadenschnecken** – Aeolidacea
- Klasse: Muscheln – Bivalvia
    - Gattung: **Riesenmuscheln** – Tridacna
- Klasse: Kopffüßer – Cephalopoda
  - Ordnung: **Kalmare** – Teuthoidea
  - Ordnung: **Kraken** – Octopoda

Stamm: Ringelwürmer – Annelida
- Klasse: **Borstenwürmer** – Polychaeta

Stamm: Gliederfüßer – Arthropoda
- Klasse: Pfeilschwanzkrebse – Xiphosura

- Klasse: Krebstiere – Crustacea
  - Unterklasse: **Rankenfüßer** – Cirripedia
    - Unterordnung: Entenmuscheln – Lepadomorpha
    - Unterordnung: Seepocken – Balanomorpha
  - Unterklasse: Höhere Krebse – Malacostraca
    - Ordnung: **Zehnfüßige Krebse** – Decapoda

- Stamm: Stachelhäuter – Echinodermata
  - Klasse: **Seesterne** – Asteroidea
  - Klasse: **Seeigel** – Echinoidea
  - Klasse: **Seegurken** – Holothurioidea
- Stamm: Chordatiere – Chordata
  - Unterstamm: Wirbeltiere – Vertebrata
    - Klasse: Knorpelfische – Chondrichthyes
      - Überordnung: **Haie** – Selachoidei
      - Überordnung: **Rochen** – Batioidei
    - Klasse: Knochenfische – Osteichthyes
      - Ordnung: Aalartige – Anguilliformes
        - Familie: **Muränen** – Muraenidae
      - Ordnung: Welsartige – Siluriformes
        - Familie: **Korallenwelse** – Plotosidae
      - Ordnung: Panzerwangen – Scorpaeniformes
        - Familie: **Skorpionsfische** – Scorpaenidae
          - Unterfamilie: **Steinfische** – Synanceiinae
          - Unterfamilie: **Teufelsfische** – Choridactylinae
          - Unterfamilie: **Feuerfische** – Pteroinae
      - Ordnung: Barschartige – Perciformes
        - Familie: **Petermännchen** – Trachinidae
        - Familie: **Kaninchenfische** – Siganidae
        - Familie: **Doktorfische** – Acanthuridae
          - Unterfamilie: Nashornfische – Nasinae
        - Familie: **Argusfische** – Scatophagidae
        - Familie: **Barrakudas** – Sphyraenidae
      - Ordnung: Haftkiefer – Tetraodontiformes
        - Familie: **Drückerfische** – Balistidae
        - Familie: **Kugelfische** – Tetraodontidae
        - Familie: **Igelfische** – Diodontidae
    - Klasse: Kriechtiere – Reptilia
      - Ordnung: Schuppenkriechtiere – Squamata
        - Familie: **Seeschlangen** – Hydrophiidae
      - Ordnung: **Krokodile** – Crocodylia

Literatur

Cunningham, Patricia & Goetz, Paul: Venomous & Toxic Marine Life of the World. Pisces Books, a division of Gulf Publishing Company, Houston/Texas, 1996.

Eichler, Dieter: Tropische Meerestiere. BLV Verlagsgesellschaft, München, 1997.

Eichler, Dieter & Lieske, Ewald: Korallenfische, Indischer Ozean. Jahr Verlag, Hamburg, 1994.

Eichler, Dieter & Myers, Robert: Korallenfische, Zentraler Indopazifik. Jahr Verlag, Hamburg, 1997.

Ellis, Richard: Seeungeheuer; Mythen, Fabeln und Fakten. Birkhäuser Verlag, Basel, Boston, Berlin, 1997

Fricke, Hans W.: Korallenmeer. Chr. Belser Verlag, Stuttgart, 1972.

Fricke, Hans W.: Berichte aus dem Riff. R. Piper & Co. Verlag, München und Zürich, 1976.

Grzimeks Tierleben. Bände 1, 3, 4, 5, 6. Kindler Verlag AG, Zürich, 1970/71.

Halstead, Bruce W.: Poisonous and Venomous Marine Animales of the World. The Darwin Press Inc., Princeton, New Jersey, 1988.

Lindner, Gert: Muscheln und Schnecken der Weltmeere. BLV Verlagsgesellschaft, München, 1994.

Mebs, D.: Gifte im Riff. Wissenschaftliche Verlagsgesellschaft mbH, Stuttgart, 1989.

Mebs, D.: Gifttiere. Wissenschaftliche Verlagsgesellschaft mbH, Stuttgart, 1992.

Myers, Robert F.: Micronesian Reef Fishes. Coral Graphics, Guam, 1989.

Randall, John E.: Coastal Fishes of Oman. University of Hawaii Press, Honolulu, 1995.

Randall, John E.: Fishes of the Maledives. Immel Publishing, London, 1992.

Randall, John E.: Red Sea Reef Fishes. Immel Publishing, London, 1983.

Randall, John E.: Sharks of Arabia. Immel Publishing, London, 1983.

Randall, John E., Allen, Gerald R. & Steene, Roger C.: Fishes of the Great Barrier Reef and Coral Sea. Immel Publishing, London, 1992.

Riedl, Rupert: Fauna und Flora des Mittelmeeres. Verlag Paul Parey, Hamburg und Berlin, 1983.

Schmid, Peter & Paschke, Dietmar: Unterwasserführer Rotes Meer. Band 1, Niedere Tiere. Verlag Stephanie Nagelschmid, Stuttgart, 1987.

Schumacher, Helmut: Korallenriffe. BLV Verlagsgesellschaft, München, 1991.

Schumacher, Helmut & Hinterkircher, Johann: Niedere Meerestiere. BLV Verlagsgesellschaft, München, 1996.

Stevens, John D.: Haie. Jahr Verlag, Hamburg, 1987.

Venomous and Poisonous Marine Animals. University of New South Wales Press, 1996.

Fachwortverzeichnis

Antiserum Gegengift
benthisch auf dem Grund eines Gewässers lebend
Ciguatera Vergiftung durch Ciguatoxin, das in einzelligen Geißelalgen (Dinoflagellaten) vorkommt
Cilien (biol.) Flimmerhaare, die in eine Richtung schlagen
denaturieren Stoffe, z. B. Eiweiße, verlieren dabei durch bestimmte Einflüsse, z. B. Hitze oder Chemikalien, ihre ursprünglichen Eigenschaften
Detritus teilweise von Mikroorganismen abgebaute, zerfallene Gewebeteile von Pflanzen und Tieren
Diatomeen Kieselalgen, einzellige Algen mit zweiteiligem Panzer aus Kieselsäure
Dinoflagellaten einzellige Geißelalgen
endemisch eine Art, die weltweit nur in einem bestimmten Gebiet vorkommt, ist dort endemisch
Epithel Deckgewebe der Körperoberfläche
Gonaden Keimdrüsen
instabil unbeständig (z. B. manche Giftstoffe)
herbivor pflanzenfressend
hydrostatisch die Hydrostatik betreffend; Wissenschaft von den Gleichgewichtszuständen bei ruhenden Flüssigkeiten
Kloake Endabschnitt des Darmkanals, in den auch die Ausführungsgänge der Geschlechtsorgane und die Harnröhre münden
Kommensalen »Mitesser«; Kommensalen nehmen an den Mahlzeiten des meist größeren Wirtes teil, ohne ihm zu schaden
Larve Jugendstadium von Tieren, das der Gestalt der erwachsenen Tiere in der Regel nicht gleicht
Ligament festes, sehnenartiges Band zur Verbindung beweglicher Teile, z. B. der beiden Schalenhälften von Muscheln
Meduse Qualle; eine pelagische Generation vieler Nesseltiere, die sich geschlechtlich fortpflanzt
Nekrose örtlicher Gewebetod, Absterben von Zellen
Operculum 1. Deckel zum Verschließen von Schneckengehäusen;
2. Kiemendeckel der Fische
Ovarium Eierstock
Pedicellarien äußere Anhänge bestimmter Seeigel, die mit Giftzangen ausgerüstet sind
pelagisch im Freiwasser lebend
Polyp Plural: Polypen; sessiles Nesseltier (von lat.: »vielfüßig«)
protandrisch bezeichnet Zwitter, bei denen die männlichen Keimzellen vor den weiblichen reifen
protogyn bezeichnet Zwitter, bei denen die weiblichen Keimzellen vor den männlichen reifen
Proteine Eiweiße
Rostrum über das Vorderende eines Tieres herausragender Fortsatz
Salpen im Freiwasser lebende, einfach gebaute Manteltiere von faßförmiger Gestalt; die ungeschlechtliche Generation bildet meterlange, zusammenhängende Tierketten
Schelf Flachsee; vom Meer überfluteter Sockel der Kontinente
sessil festsitzend
solitär einzeln lebend
Spezies Tier- oder Pflanzenart
Symbiose Lebensgemeinschaft unterschiedlicher Lebewesen zum gegenseitigen Nutzen
Tentakel beweglicher, langgestreckter Fortsatz wirbelloser Tiere zum Beuteerwerb
Tetanusinfektion Wundstarrkrampf
thermolabil nicht wärmebeständig
Toxin Gift
vagil frei beweglich
Zooplankton tierisches Plankton

Medizinisches Fachwörterbuch (Deutsch / Englisch)

Analgosedierung / sedation and analgesia
anaphylaktisch / anaphylactic
Antidot / antivenom
Antihistaminikum / antihistamine
Antiserum / antiserum
Atembeschwerden / breathing difficulty
Atemlähmung / respiratory paralysis
Atemspende / artificial breathing
Atemzentrum / respiratory centre
Atmung prüfen / to check the respiratory function
Bandage / bandage
beatmen / to ventilate
beruhigen / to calm
Binde / bandage
Brevitoxin / brevitoxin
Blutdruck / blood-pressure
Ciguatera / ciguatera
Ciguatoxin / ciguatoxin
Conotoxin / conotoxin
Cuviersche Schläuche / cuvierian tubules
deaktivieren / to deactivate
Defibrillation / defibrillation
denaturieren / to denature
Dialyse / haemodialysis
Domosäure / domoacid
Druckverband / pressure bandage
Entzündung / inflammation
Erste Hilfe / first aid
Extremität/(Körper-)Glied / limb
Fischvergiftung / fish poisoning, ichtyotoxism
gastroenteral / gastro-enteric
Gift (organisch) / toxin
Giftdrüse / venom-gland
giftig / venomous (active), poisonous (passive)
Giftmolekül / poison molecule
Giftzahn / venom fang
Hautausschlag / exanthema, skin rash
Hautentzündung / dermatitis
Heißwasserbehandlung / hot water therapy
Herzdruckmassage / external cardiac compression, CPR
Herzfrequenz / heart rate
Herzversagen / cardiac failure
Hydrocortison / hydrocortisone
inaktivieren / to inactivate
Inaktivierung / inactivation
Intensivmedizin / intensive care medicine
Juckreiz / itching, pruritus
Klammerpflaster / staple plaster
Kompresse (45 °C) / hot compress, 45 degrees Celsius (=115 °F)
Kompressionsverband / pressure/immobilization procedure
Krankenhaus / hospital
Krankenwagen / ambulance
künstliche Beatmung / artificial ventilation
Lähmungserscheinung / symptom of paralysis
Lebensgefahr / danger to life
lebensgefährlich / highly dangerous to life, vital
Lebensrettung / life-saving
Leitungsanästhesie / nerve block
Lidocainsalbe / lidocaine ointment
Lokalanästhetikum / local anesthetic
Magnesiumsulfatlösung / magnesium sulphate solution
Mortalitätsrate / death-rate
Mund-zu-Mund-Beatmung / mouth to mouth ventilation
Mund-zu-Nase-Beatmung / mouth to nose ventilation
Muschelvergiftung / shellfish poisoning

Muschelvergiftung mit ZNS-Beteiligung / amnesic shellfish poisoning
Natriumbikarbonatlösung / sodium hydrogencarbonate solution
Natriumkanal / sodium channel
Nekrose, Gewebetod / necrosis
Nematocysten, Nesselkapseln / nematocysts
Nesselverletzung / cnidarian envenomation, prints
Neurotoxin / neurotoxin
neurotoxisch / neurotoxic
neutralisieren / to neutralize
Notarzt / emergency physician
Okadasäure / okada acid
Palytoxin / palytoxin
Pectenotoxin / pectenotoxin
Pedizellarien / pedicellaria
Pinzette / forceps
Pulsschlag / pulse beat
Quaddel / intradermal blab
radiologisch/Röntgen / radiological/X-ray
Rehydratation / rehydration
Reizung / irritation
respiratorisches Versagen / respiratory failure
rezidivieren / to recur
Rochenstachel / stingray barb spine
ruhigstellen / to immobilize
Salbe / ointment
Saxitoxin / saxitoxin
Schiene anlegen / to apply a splint
Schlagaderverletzung / arterial trauma
Schmerzen / pain
Schock / shock
Schockbehandlung / shock treatment
Schwellung/Ödem / swelling/oedema
Silbersulfadiazine / silversulfadia-cine
Spontanatmung / spontaneous respiration
Stachel (Rochenstachel) / spine (stingray barb spine)
sterile Gaze / sterile gauze
Stich / sting
Synapse / synapsis
Taubheitsgefühl / numbness sensation
Tetanus-Schutzimpfung / tetanus prophylaxis
Tetrodotoxin / tetrodotoxin
Thermobeutel / cool pack
thermolabil / thermolabile
Transmitterfreisetzung / transmitter liberation
unbeaufsichtigt / unattended
Urtikaria / urticaria
Verband / dressing
Vergiftung / envenoming, poisoning
Verletzung / injury
Vernesselung / cnidarian envenomation
Yessotoxin / yessotoxin
Wundspülung / wound toilet

Wörterbuch der Tiernamen (Deutsch/Englisch/Latein)

Aale / Eels / Congridae
Adlerrochen / Eagle rays / Myliobatidae
Aktinien / Stinging sea anemones / Actiniaria
Algen-Drachenkopf / Merlet's scorpionfish / Rhinopias aphanes
Ammenhaie / Nurse sharks / Ginglymostomatidae
Anemonen / Anemones / Actiniaria
Anemonen-, Clownfische / Anemone-, Clownfishes / Amphiprioninae
Anglerfische / Frogfishes / Antennariidae
Argusfische / Scats / Scatophagidae
Atlantischer Zitronenhai / Lemon shark / Negaprion brevirostris

Barrakudas / Barracudas / Sphyraenidae
Bart-Drachenkopf / Bearded scorpionfish / Scorpaenopsis cirrhosa
Bart-Muräne / Bearded moray / Gymnothorax breedeni
Blaubarsche / Squaretail rabbitfish / Badidae
Blauhai / Blue shark / Prionace glauca
Blauring-Oktopus / Blue-ringed octopus / Hapalochlaena maculosa
Blumentiere / Anthozoans / Anthozoa
Bogenstirn-Hammerhai / Scalloped hammerhead / Sphyrna lewini
Borstenwürmer / Fire worms, Bristle worms / Polychaeta
Brauner Kaninchenfisch / Squaretail rabbitfish / Siganus luridus
Bronzefarbener Walfängerhai, Bronzehai / Bronze whaler / Carcharhinus brachyurus
Buckel-Drachenkopf / False stonefish / Scorpaenopsis diabolus
Butte / Flounders / Bothidae

Doktorfische / Surgeonfishes / Acanthuridae
Dornenkronen-Seestern / Crown-of-thorn starfish / Acanthaster planci
Drückerfische / Triggerfishes / Balistidae

Echte Seeschlangen / Sea snakes / Hydrophiinae
Echter Steinfisch / Reef stonefish / Synanceia verrucosa
Eidechsenfische / Lizardfishes / Synodontidae
Einsiedlerkrebse / Hermit crabs / Paguridae
Engelhaie / Angel shark / Squatinidae

Fadenschnecken / Aeolids / Aeolidacea
Falterfische / Butterflyfishes / Chaetodontidae
Fangschreckenkrebse / Mantis shrimps / Stomatopoda
Feilenfische / Filefishes / Monacanthidae
Fetzen-Drachenkopf / Raggy scorpionfish / Scorpaenopsis venosa
Feuerfische / Lionfishes, Firefishes / Pteroinae
Feuerkorallen / Fire corals / Milleporidae
Fransen-Drachenkopf / Tassled scorpionfish / Scorpaenopsis oxycephalus
Fuchshaie / Thresher sharks / Alopiidae

Galapagoshai / Galapagos shark / Carcharhinus galapagensis
Geigenrochen / Guitar fishes / Rhinobatidae
Gelblippen-Seeschlange / Banded yellow-lip sea snake / Laticauda colubrina
Gelbmaul-Muräne / Yellowmouth moray / Gymnothorax nudivomer
Gemeiner Argusfisch / Scat / Scatophagus argus
Gemeiner Grundhai / Bull shark / Carcharhinus leucas
Gepunkteter Igelfisch / Spotted porcupine fish / Diodon hystrix

Gewöhnlicher Stechrochen / Common stingray / Dasyatis pastinaca
Glatter Hammerhai / Common hammerhead / Sphyrna zygaena
Glotzaugen-Drachenkopf / Flasher scorpionfish / Scorpaenopsis macrochir
Goldmakrelen / Dolphinfishes / Coryphaenidae
Grauer Doktorfisch / Elongate surgeonfish / Acanthurus mata
Grauer Riffhai / Gray reef shark / Carcharhinus amblyrhynchos
Grauer Stechrochen / Blue-spotted stingray / Dasyatis kuhlii
Grauhaie / Comb-toothed sharks / Hexanchidae
Großaugenbarsche / Bigeye / Priacanthidae
Große Netzmuräne / Honeycomb moray / Gymnothorax favagineus
Großer Hammerhai / Great hammerhead / Sphyrna mokarran
Großflossenhai / Sandbar shark / Carcharhinus plumbeus
Grundeln / Gobies / Gobiidae
Grüne Muräne / Green moray / Gymnothorax funebris
Grüner Riesendrücker / Titan triggerfish / Balistoides viridescens

Haarqualle / Hair jellyfisch / Cyanea capillata
Haie / Sharks / Selachoidei
Halbschnabelhecht / Halfbeaks, Garfishes / Hemiramphidae
Halfterfisch / Moorish idol / Zanclus cornutus
Hammerhaie / Hammerhead sharks / Sphyrnidae
Heringe / Herrings / Clupeinae
Hinterkiemerschnecken / Nudibranches / Opisthobranchia
Hornhechte / Needlefishes, Longtoms / Belonidae
Husarenfische / Squirrelfishes / Holocentrinae
Hydrozoen / Hydroids / Hydrozoa

Igelfische / Porcupinefishes / Diodontidae

Kalmare / Squids / Teuthoidea
Kaninchenfische / Rabbitfishes / Siganidae
Kardinalfische / Cardinal fishes / Apogonidae
Kegelschnecken / Cone shells / Conoidea
Knochenfische / Bonefishes / Osteichthys
Knorpelfische / Cartilaginous fishes / Chondrichthyes
Kofferfische / Boxfishes, Trunkfishes / Ostraciidae
Kompaßqualle / Compass jellyfish / Chrysaora hyoscella
Königskobra / Indian cobra, King cobra / Naja naja
Kopffüßer / Cephalopods / Cephalopoda
Korallenwels / Eel catfish / Plotosus lineatus
Krabben / Crabs / Brachyura
Krebse / Crustaceans, Crayfishes / Crustacea
Krötenfische / Toadfishes / Batrachoididae
Kugelfische / Puffers / Tetraodontidae
Kuhnasenrochen / Cownose rays / Rhinopteridae
Kurzflossen-Makohai / Shortfin mako / Isurus oxyrinchus

Langflossen-Makohai / Longfin mako / Isurus paucus
Leistenkrokodil / Estuarine crocodile / Crocodylus porosus
Leuchtqualle / Mauve stinger / Pelagia noctiluca
Lippfische / Wrasses / Labridae

Makrelen, Thunfische / Mackerels, Tunas / Scombridae
Marmor-Muräne / Undulated moray / Gymnothorax undulatus

Masken-Stechrochen / Painted maskray / Dasyatis leylandi
Meeräschen / Mullets / Mugilidae
Meerbarben / Goatfishes / Mullidae
Meerbrassen / Breams / Sparidae
Mittelmeer-Muräne / European moray / Muraena helena
Mobulas / Devil rays / Mobula obular
Mojarras, Silberlinge / Mojarras / Gerreidae
Moses-Seezunge / Moses sole / Pardachirus marmoratus
Muränen / Moray eels / Muraenidae
Muscheln / Clam / Bivalvia

Nacktschnecken / Nudibranches / Opisthobranchia
Nasendoktorfische / Unicornfishes / Nasinae
Nesseltiere / Cnidarians / Cnidaria
Neunaugen / Lampreys / Petromyzontidae

Ohrenqualle / Moon jellyfish / Aurelia aurita
Oktopusse, Kraken / Octopuses / Octopoda
Olivenschnecke / Olive snaif / Olivia vidua fulminans

Papageifische / Parrotfishes / Scaridae
Papua-Drachenkopf / Papuan scorpionfish / Scorpaenopsis papuensis
Pazifischer Zitronenhai / Lemonshark / Negaprion acutidens
Perlen-Muräne / White-spotted moray / Gymnothorax meleagris
Petermännchen, Queisen / Weeverfishes / Trachinidae
Portugiesische Galeere / Portuguese man-of-war / Physalia physalis

Quallen / Jellyfish / Scyphozoa

Rankenfüßer / Cirripeds / Cirripedia
Riemenfische / – / Regalidae
Riesen-Deltamuräne / – / Strophidon sathete
Riesen-Zackenbarsch / Giant grouper / Epinephelus lanceolatus
Riesenhai / Basking shark / Cetorhinus maximus
Riesenmaulhai / Megamouth / Megachasma pelagios
Riesenmuräne / Giant moray / Gymnothorax javanicus
Riesenmuscheln / Giant clams / Tridacna
Riffbarsche / Damselfishes / Pomacentridae
Rochen / Rays / Batioidei
Rotmeer-Kaninchenfisch / Rivulated rabbitfish / Siganus rivulatus
Ruderfische / Rudderfishes / Kyphosidae
Rußkopf-Muräne / Yellow-margined moray / Gymnothorax flavimarginatus

Sägedoktorfische / Sawtails / Prionurinae
Sägerochen / Sawfishes / Pristidae
Salpen / salps / Thaliacea
Sandtiger / Sandtiger shark / Eugomphodus taurus
Sardinen / Sardines / Clupeinae
Schaukelfisch / Leaf fish / Taenianotus triacanthus
Schirmquallen / True jellyfish / Scyphozoa
Schlangenaale / Snake eels / Ophichthidae
Schleimfische / Blennies / Blennidae
Schmarotzeranemonen / Parasite anemones / Hormathiidae
Schnabelseeschlange / Beaked sea snake / Enhydrina schistosa
Schnapper / Snappers / Lutjanidae
Schnecken / Gastropods, snails / Gastropoda
Schwämme / Sponges / Porifera
Schwarzspitzen-Riffhai / Blacktip reef shark / Carcharhinus melanopterus
Schwarzspitzenhai / Blacktip shark / Carcharhinus limbatus
Schwertfisch / Swordfish / Xiphias gladius
Seeanemonen / Sea anemones / Actiniaria
Seefedern / Sea pen / Pennatulacea
Seegurken / Sea cucumbers / Holothurioidea

Seeigel / Sea urchins / Echinoidea
Seekobras / Sea kraits / Ladicaudinae
Seenadeln / Pipefishes / Syngnathinae
Seepferdchen / Seahorses / Hippocampinae
Seeschlangen / Sea snakes / Hydrophiidae
Seeteufel / Angler fishes / Lophiidae
Seewasserkrokodil / Estuarine crocodile / Crocodylus porosus
Seewespe / Sea wasp / Chironex fleckeri
Segel-, Fächerfische / Sailfishes, Billfishes / Istiophoridae
Seidenhai / Silky shark / Carcharhinus falciformis
Seifenbarsche / Soapfishes / Grammistinae
Silberlinge, Mojarras / Mojarras / Gerreidae
Silberspitzenhai / Silvertip shark / Carcharhinus albimarginatus
Skalpelldoktorfische / Surgeonfishes / Acanthurinae
Skorpionsfische / Scorpionfishes / Scorpaenidae
Soldatenfische / Soldierfishes / Myripristinae
Spitzkopfkugelfische / Tobies, Sharpnose puffers / Canthigasterinae
Staatsquallen / Siphonophores / Siphonophora
Stachel-, Stechrochen / Stingrays / Dasciatitidae
Stachelmakrelen / Jacks, Trevallys / Carangidae
Steinfische / Stonefishes / Synanceiinae
Streifen-Korallenwels / Striped eel catfish / Plotosus lineatus
Süßlippen / Sweet lips / Haemulidae

Tarpune / Tarpons / Megalopidae
Tentakel-Drachenkopf / Weedy scorpionfish / Rhinopias frondosa
Teppichhaie / Wobbegong / Orectolobidae
Teufelsfische / Devilfish, stinger / Choridactylinae
Teufelsrochen / Manta rays / Mobulidae
Textil-Kegelschnecke / Textile cone / Conus textile
Thunfische, Makrelen / Tunas, Mackerels / Scombridae
Tigerhai / Tiger shark / Galeocerdo cuvier
Torpedorochen / Torpedo rays / Torpedinidae
Trompetenfische / Trumpet fishes / Aulostomidae

Wachsrose / Snakelocks anemone / Anemonia sulcata
Walhai / Whale shark / Rhincodon typus
Warzen-Steinfisch / Estuarine stonefish / Synanceia horrida
Weichtiere / Molluscs / Mollusca
Weißaugen-Muräne / White-eyed moray / Siderea thyrsoidea
Weiße Muräne / Geometric moray / Siderea grisea
Weißer Hai / White pointer / Carcharodon carcharias
Weißmaul-Muräne / White-spotted moray / Gymnothorax meleagris
Weißschwanz-Doktorfisch / Thompson's surgeonfish / Acanthurus thompsoni
Weißspitzen-Hochseehai / Oceanic whitetip shark / Carcharhinus longimanus
Weißspitzen-Riffhai / Whitetip reef shark / Triaenodon obesus
Welse / Eel catfish / Plotosidae
Wobbegongs / Wobbegongs / Orectolobidae
Würfelquallen / Box jellyfish / Cubozoa
Wurzelmundqualle / – / Rhizostomae

Zackenbarsche / Groupers, Cods / Epinephelinae
Zitterrochen / Numbfishes / Narcinidae
Zylinderrosen / Tube anemones / Ceriantharias

Register

Seitenzahlen in fetter Schrift verweisen auf Abbildungen

Danksagung

Für die Mitarbeit und medizinische Fachberatung gilt mein besonderer Dank Ralf Sautter. Weitere wertvolle Unterstützung und nützliche Informationen verdanke ich Dr. Helmut Lehnert und Michael Apel, Senckenberg-Museum Frankfurt, und Dr. John E. Randall, Hawaii.
Ferner danke ich allen Fotografen, die unten genannt sind, und folgenden Tauchbasen:

- Atlantis Dive Center, Alona Beach, Panglao, Philippinen; Kurt Biebelmann & Thomas Rheingaus.
- MY Balena, Ägypten; Klaus Dieterich.
- Raie Manta Club, Rangiroa Atoll, Frz. Polynesien; Yves Lefèvre.
- Sea Explorer, Cabilao, Bohol, Philippinen; Chris Heim.

Bildnachweis

Cramm, Raimund: 83
Göthel, Helmut: 36, 115
Heeger, Dr. Thomas: 39
Hinterkircher, Johann: 21, 70
König, Dr. Rudolf: 16
Lehnert, Dr. Helmut: 22, 23, 33
Lefèvre, Yves: 74
Persinger, Winfried: 78
Reith, Renate und Klaus: 56, 73, 76
Sauer, Dr. Frieder: 35
Sautter, Ralf: 149
Alle anderen Fotos sowie die Grafik stammen vom Autor

Faszinierende Unterwasserwelt

BLV Sportpraxis Top
Rudolf B. Holzapfel
Richtig Tauchen
Das Basiswissen zu Tauchmedizin, Physik, Ausrüstung, Taucherkrankheiten, Tauchpraxis, Tauchtauglichkeit. Empfohlen vom Verband Internationaler Tauchschulen e.V. (VIT) und von Professional Technical Diving (ProTec).
ISBN 3-405-16338-2

Dieter Eichler
Tropische Meerestiere
Fische, Schwämme, Quallen, Korallen, Schnecken, Muscheln, Krebstiere, Seeigel, Seesterne: Erkennungsmerkmale, Vorkommen, Lebensweise, Nahrung, Fortpflanzung.
ISBN 3-405-16999-2

Kai-Uwe Roos
Traumziele für Taucher
Eintauchen in eine aufregend schöne Welt: die 12 faszinierendsten Reviere der Erde mit Praxistipps, Informationen zu Anreise, Tauchbasis, Sehenswertem, Unterwasserfotografie und vielem mehr.
ISBN 3-405-16868-6

Andrea und Peter Schinck
Tauchen
Nach neuesten Erkenntnissen: die Grundausbildung vom Anfänger bis zum Könner; Physik, Tauchmedizin, Taucherkrankheiten, Ausrüstung, Tauchpraxis; mit Wissens-Check am Ende jedes Kapitels.
ISBN 3-405-16495-8

Im BLV Buchverlag finden Sie Bücher zu den Themen: Garten und Zimmerpflanzen • Natur • Heimtiere • Jagd und Angeln • Pferde und Reiten • Sport und Fitness • Wandern und Alpinismus • Essen und Trinken

Ausführliche Informationen erhalten Sie bei:

BLV Buchverlag GmbH & Co. KG
Postfach 40 02 20 • 80702 München
Telefon 089/12705-0 • Fax -543 • www.blv.de